U0150098

卫星导航技术及应用系列丛书

卫星导航系统
民用导航电文信息安全
认证技术

吴志军　岳　猛　雷　缙　著

电子工业出版社·

Publishing House of Electronics Industry

北京·BEIJING

内 容 简 介

本书是一本关于北斗卫星导航系统民用导航电文（B-CNAV）信息安全认证技术的图书。本书首先介绍了北斗卫星导航系统（BDS）的脆弱性和面临的安全威胁以及欺骗攻击模型；然后介绍了基于导航电文认证（NMA）和扩频信息（SSI）的北斗二代民用导航电文（CNAV）信息认证方案，研究了北斗二代民用导航电文信息安全认证和抗欺骗方法，包括基于椭圆曲线数字签名算法（ECDSA）的北斗二代民用导航电文信息认证方法、基于时间效应流丢失容错算法（TESLA）的北斗民用导航电文信息认证方法和基于信息认证的北斗二代民用导航电文信息抗欺骗方法；接着介绍了北斗民用导航电文信息安全认证协议，包括基于无证书签名的北斗 D1 民用导航电文（CNAV D1）信息认证协议和基于身份签名的北斗 D2 民用导航电文（CNAV D2）信息认证协议，并针对提出的方法和协议进行了实验验证和逻辑分析；最后介绍了北斗二代民用导航电文信息安全认证协议。

本书对航空网络空间安全领域的科研、技术和管理人员在民用导航电文的数据安全和隐私保护方面的学习具有较高的参考价值，也可作为相关专业高校师生和导航系统安全领域研究人员的参考书。

图书在版编目（CIP）数据

卫星导航系统民用导航电文信息安全认证技术 / 吴志军，岳猛，雷缙著. —北京：电子工业出版社，2024.1

（卫星导航技术及应用系列丛书）

ISBN 978-7-121-46699-1

Ⅰ．①卫… Ⅱ．①吴… ②岳… ③雷… Ⅲ．①卫星导航－全球定位系统－数字化－文档－信息安全－安全认证 Ⅳ．①P228.4

中国国家版本馆 CIP 数据核字（2023）第 217966 号

责任编辑：李树林 文字编辑：苏颖杰
印　　刷：三河市良远印务有限公司
装　　订：三河市良远印务有限公司
出版发行：电子工业出版社
　　　　　北京市海淀区万寿路 173 信箱　邮编：100036
开　　本：720×1000　1/16　印张：15.75　字数：252 千字
版　　次：2024 年 1 月第 1 版
印　　次：2024 年 1 月第 1 次印刷
定　　价：88.00 元

凡所购买电子工业出版社图书有缺损问题，请向购买书店调换。若书店售缺，请与本社发行部联系，联系及邮购电话：(010) 88254888，88258888。

质量投诉请发邮件至 zlts@phei.com.cn，盗版侵权举报请发邮件至 dbqq@phei.com.cn。

本书咨询和投稿联系方式：(010) 88254463，lisl@phei.com.cn。

序

FOREWORD

    长期以来，全球卫星导航系统（GNSS）干扰已经从可能的事实演变为严峻的现实。欺骗攻击是 GNSS 面临的最大安全威胁之一。对于持续为用户提供高精度的位置、速度和时间信息的导航系统，欺骗攻击的出现无疑是场灾难。随着人们对 GNSS 技术的极度依赖，以及干扰硬件变得更便宜和更容易获得，可以预料，欺骗攻击事件的增加不可避免。我大胆预测，用于犯罪的欺骗攻击事件将登上未来卫星导航干扰事件的排行榜。目前，国内外尚未研究出有效的方法来抵抗欺骗攻击，传统信号层面的抗欺骗方法存在一定的局限性。因此，如何有效地抵抗欺骗攻击，保护 GNSS 时空信息服务的可信性是导航信息安全领域的一个研究热点。

    GNSS 的民用导航电文（CNAV）是提供用户实现导航和定位的关键基础数据，这些数据在开放、未加密的信道中播发，并向公众公开。因此，CNAV 在提供广泛服务的同时，其信息开放和未认证的特点使其面临数据被篡改和被伪造的风险，这就使 CNAV 的安全面临威胁，导致严重影响 CNAV 的真实性和可靠性的欺骗攻击发生。鉴于 CNAV 面临数据被篡改和被伪造的风险，从而受到欺骗攻击的威胁，我们必须针对 CNAV 进行安全认证，使其具有抵抗欺骗攻击的能力，以保障其真实性和可用性。

    吴志军教授长期从事基于信息层面的欺骗攻击的检测和防御的研究，在 GNSS 抗欺骗和安全防护方面进行了大量理论研究和应用实践，掌握了多种欺骗攻击的原理和抗欺骗技术，积累了丰富的基础知识和实际经验。本书深入浅

出地阐述了 GNSS 的脆弱性，介绍了欺骗攻击的原理和特点，讲解了检测和抵抗欺骗攻击的基础知识，并结合具体方法说明了针对北斗卫星导航系统（BDS）检测和抵抗欺骗攻击的方法。本书内容是吴志军教授及其带领的课题组十几年来的研究成果，部分内容已经在国内外著名期刊上发表，得到了国内外专家的认可和好评，对相关导航安全单位开展欺骗攻击防御工作具有很好的借鉴意义。

GNSS 欺骗攻击与防御是一场持久的博弈。随着云计算及人工智能等技术的快速发展和普及，这场博弈进入了一个新的时期，需要不断丰富导航安全的理论和实践。因此，GNSS 欺骗攻击的防御是一项长期而艰巨的任务。我期待本书能够使广大读者受益，并为探索、研究检测和抵抗欺骗攻击的新方法提供帮助。

北京邮电大学教授　　杨义先

2023 年 10 月 27 日

前言

PREFACE

　　全球卫星导航系统（GNSS）是能为在地球表面或近地空间任意地点的用户提供全天候三维坐标、速度和时间信息的空基无线电导航定位系统。北斗卫星导航系统（BDS）作为 GNSS 的主要成员之一，是中国自主建设运行的全球卫星导航系统，为全球用户提供全天候、全天时、高精度的定位、导航和授时服务。北斗三号全球卫星导航系统已于 2020 年 7 月 31 日正式开通，在交通运输、农林渔业、气象测报、通信授时、公共安全等领域得到广泛应用，并服务于国家重要基础设施，产生了显著的经济效益和社会效益。

　　北斗用户利用北斗卫星导航系统民用导航电文（B-CNAV）提供的数据，可以解算得到时间、定位等导航信息。然而，B-CNAV 是公开的，并且 BDS 没有提供 B-CNAV 完整性保护措施，使得 B-CNAV 面临欺骗攻击的威胁。欺骗攻击以转发或再生假冒的定位、导航、授时信息为手段，伪造真实信号，生成欺骗信号，使目标接收方在毫无察觉的情况下接收欺骗信号的信息，导致接收方解算出错误的定位结果，造成严重的后果。为此，需要对 B-CNAV 进行信息安全认证，以保障 BDS 的数据安全。

　　在实际的航空交通运输应用中，B-CNAV 应满足以下两方面的要求：第一，从信息安全角度，保障 B-CNAV 的完整性和不可否认性；第二，从信息传输的可靠性角度，保障 B-CNAV 的认证性和有效性。本书面向针对 B-CNAV 的欺骗攻击，分析了 B-CNAV 的安全隐患，构建了威胁模型，研究了基于密码认证的方案，提出了安全认证协议和方法，研究了如何保障 B-CNAV 的信息完整性、不可否认性、认证性和有效性。

国际上针对 GNSS CNAV 的抗欺骗研究已经取得了很多成果。这些成果采用的方法可以分为基于密码的认证（加密认证）和基于信号的检测（信号检测）两大类。基于密码的认证方法主要包括基于椭圆曲线数字签名算法（ECDSA）生成签名的认证方法、基于时间效应流丢失容错算法（TESLA）的认证方法和二者（ECDSA 和 TESLA）混合认证方法；基于信号的检测方法主要包括信号功率监测、信号质量监测、到达方向区分、多天线技术与接收方自主相关监视等。本书主要研究基于密码的认证方法。

1. 意义

目前，实施 GNSS 欺骗攻击已经不仅仅停留在理论研究上，欺骗方很容易制造出欺骗设备，这对每天或每时每刻都依赖 GNSS 导航的远洋轮船、航空飞行器，以及使用智能手机导航的用户来说，无疑是巨大的安全威胁。针对 GNSS CNAV 的欺骗攻击已经成为 GNSS 面临的主要安全威胁之一，可能造成巨大的航空、航海灾难或铁路、公路交通事故，危及国家和个人安全。因此，本书的意义体现在以下几个方面。

1）保障卫星导航与位置服务业务的安全

研究抵抗 GNSS 欺骗攻击的完整解决方案，以保障卫星导航与位置服务业务的安全。

（1）解决针对 GNSS CNAV 的欺骗攻击问题，有效抵抗通过伪造或重放 GNSS 信号的方式发起的欺骗攻击。

（2）解决 GNSS 开放信道未认证的问题，提出基于国产密码的 CNAV 认证协议，以保障目标接收方接收的是真实 CNAV。

2）助力卫星导航与位置服务产业发展的连续性

本书从以下两个方面开展研究，以保障 GNSS 服务的连续性。

（1）从信息安全角度，保障 GNSS CNAV 的完整性和不可否认性。

（2）从信息传输的可靠性角度，保障 GNSS CNAV 的认证性和有效性。

面向 GNSS CNAV 的欺骗攻击能够阻塞目标导航系统，或者诱导系统解算出错误的定位结果，具有极强的隐蔽性和很高的危险性。因此，为了保障 GNSS CNAV 的完整性、不可否认性、认证性和有效性，本书采用基于密码的认证技术实现抗欺骗的方法。该方法既具有通用性，又不需要其他的导航仪器辅助，符合中国 B-CNAV 抗欺骗攻击的需求。同时，为了避免因采用国外研发的密码算法而产生的安全漏洞，本书将我国自主研制的国产密码应用于 B-CNAV 抗欺骗的研究。因此，本书的研究面向国家重大需求，致力于保障我国 BDS 提供安全服务，具有重大意义。

2. 目标

作为 GNSS 的主要成员之一，BDS 与 GPS 和 Galileo 一样，也不可避免地面临转发式和生成式欺骗攻击威胁。本书中设计的方案虽然是面向 GNSS，但是可以应用于 BDS，保护其 CNAV，如北斗二代的 D1 和 D2 民用导航电文，以及北斗三代的 D1 和 D2 民用导航电文、B-CNAV1、B-CNAV2 和 B-CNAV3。此外，本书提出的 CNAV 认证协议可以根据 BDS 的 CNAV 结构及传输过程和服务流程进行接口设计，实现与 BDS 的对接。

本书研究成果在 BDS 中的应用前景表现在以下两个方面。

1）阻止欺骗攻击，避免经济损失

根据中国卫星导航定位协会发布的《2020 中国卫星导航与位置服务产业发展白皮书》，2019 年中国卫星导航与位置服务产业总产值达 3 450 亿元；随着"北斗+"和"+北斗"应用的深入推进，由卫星导航衍生带动形成的关联产值保持高速增长，达到 2 284 亿元，有力支撑了产业总体经济效益的进一步提升。

但是，当 BDS 面临欺骗攻击时，其服务可能中断，甚至造成灾难性的后果。欧盟曾经从经济角度做过估算，结果表明，如果卫星导航服务中断 2 天，则整个欧洲的经济损失会超过 10 亿欧元。因此，如果 BDS 因为欺骗攻击而造成服务中断，那么产生的经济损失可能是巨大的。

2）防御欺骗攻击，保障国家安全

BDS 是国家安全的有力保障之一。第一，BDS 是国家的重要空间信息基础设施，对国家的信息化建设和经济发展具有重要意义；第二，BDS 是国家网络空间安全的关键基础设施，为国家、地方和行业的战略性科技服务，其安全性关乎国家的政治安全、经济安全和社会安全。

可靠的定位和定时服务对基于位置及授时的安全服务至关重要。因此，针对 GNSS 所固有的安全缺陷及可能面临的安全威胁，非常有必要采用系统化、复合技术等手段保障 BDS 的安全运行和服务连续性。

3. 内容安排

本书共 10 章，具体内容如下。

第 1 章，绪论，主要介绍 GNSS 安全保障的背景和目的，分析 GNSS 所面临的威胁及近年国内外针对 GNSS 威胁所采取的安全保障方法的研究现状，并阐述 GNSS 安全对其应用的价值。

第 2 章，北斗卫星导航系统的脆弱性，介绍 BDS 可能存在的主要安全隐患，包括系统本身脆弱性、卫星信号传播途径脆弱性、干扰脆弱性等。

第 3 章，面向北斗卫星导航系统的欺骗攻击模型，主要介绍针对 BDS 的威胁模型和欺骗攻击的原理，并对欺骗攻击进行分类，将其主要分为转发式欺骗攻击、生成式欺骗攻击、估计类欺骗攻击和高级欺骗攻击。

第 4 章，基于 ECDSA 的北斗二代民用导航电文信息认证方法，介绍采用椭圆曲线数字签名算法在北斗二代民用导航电文的保留位中插入数字签名，用于验证导航数据的真实性和完整性，避免实体伪装和数据篡改。此外，本章还介绍通过北斗短报文服务或数字证书来设计密钥的交换过程，以及通过仿真实验评估方案的有效性和安全性等。

第 5 章，基于 TESLA 的北斗民用导航电文信息认证方法，介绍一种将国产密码和时间效应流丢失容错算法相结合的北斗民用导航电文抗欺骗方案。该方案使用 SM3 生成 TESLA 的密钥链，然后使用密钥链的密钥生成北斗 D2 民用导航电文的消息认证码，并将其与密钥一同插入 D2 民用导航电文的保留位，实现认证过程。此外，本章还针对该方案进行了性能测试。

第 6 章，基于信息认证的北斗二代民用导航电文信息抗欺骗方法，主要从卫星地面站的角度设计一种具有综合信息认证功能的北斗二代民用导航电文。该类民用导航电文具有特定的认证内容，可通过地面站将这些内容编排在一起发送。此外，本章还设计了具体的北斗短报文的密钥交互过程，并进行了仿真实验与结果分析。

第 7 章，基于 NMA 和 SSI 的北斗二代民用导航电文信息认证方案，介绍使用国产密码和扩频信息抵抗欺骗攻击的北斗二代民用导航电文信息认证方案，并对方案的时间损耗和认证率进行了仿真实验与结果分析。

第 8 章，基于无证书签名的北斗 D1 民用导航电文信息认证协议，介绍无证书签名方案的一般模型，给出北斗 D1 民用导航电文信息认证协议的定义，并对该协议进行了安全性分析和 SVO 证明，最后对该协议进行了仿真实验与结果分析。

第 9 章，基于身份签名的北斗 D2 民用导航电文信息认证协议，主要分析北斗 D2 民用导航电文的特性，然后结合基于身份的签名技术，提出北斗 D2 民用导航电文信息安全认证协议，并对该协议进行了安全性分析和 SVO 证明，最后对该协议进行了仿真实验与结果分析。

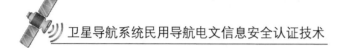

第 10 章，北斗二代民用导航电文信息安全认证协议，主要介绍一种将国产密码和北斗卫星导航系统相结合的安全认证协议，设计电文认证序号，并对该协议进行理论分析和 SVO 证明，最后将该协议与同类协议进行性能分析与比较。

4. 本书特色

本书在分析 BDS 的脆弱性和多种类型欺骗攻击的基础上，根据 B-CNAV 的结构，在信息层面系统性地监测 B-CNAV 报文的内容，能够有效地对欺骗信息进行准确检测，实现对 B-CNAV 的安全认证，保障导航定位服务的安全性。本书中的方法基于密码实现了信息级的安全认证，避免了因信号到达地球表面时强度变得异常微弱而导致的信号检测结果不稳定。本书采用国产 SM 系列密码和 TESLA 协议设计 B-CNAV 的安全认证协议和提出认证方法，实现了加密签名一系列操作，将生成的密文插入 B-CNAV 保留位并通过卫星进行播发，保持了导航系统的原有结构，减少了资源消耗。在分析 B-CNAV 结构的基础上，统计保留位位数，依据具体的格式对信息插入方式进行设计，不需要改变 B-CNAV 结构，也不需要增加辅助硬件设备，极大地减少了系统计算量，达到了抵抗欺骗攻击的目的。

在 B-CNAV 安全认证采用的密码中，公、私钥存在着一一对应的关系，其中，私钥由卫星秘密存储，公钥被公开给接收方，只有掌握密钥的授权接收方才可以对处理后的密文进行解算，得到正确的导航信息。因暴力求解需要消耗大量时间，而导航信息传输对时间有较高的要求，所以欺骗方很难在有效时间内对密文进行逆运算。一旦信息在传输过程中遭到篡改或伪造，就会导致接收方解算得到的信息与原信息不符，无法通过验证，使接收方及时发现接收的导航信息遭到了恶意攻击，属于非法信息，无法用于后续的定位计算，从而将其舍弃。

用密码技术保护 B-CNAV 的完整性和不可否认性，实现 B-CNAV 的认证性和有效性，建立系统化的认证流程，可利用较少的运算资源得到更加精准的认证结果，分析现有密码的特点，将其与具体的 B-CNAV 相结合，从不同的角度对信息进行处理，根据不同的侧重点提出认证方法，在较少改变 B-CNAV 结构的前提下，实现对欺骗攻击的检测，抵抗面向 B-CNAV 的欺骗攻击，可避免因欺骗攻击而引发的错误定位、错误授时等一系列安全问题，从而保障卫星导航系统的安全性。

5. 阅读建议

在阅读本书时，建议首先从导航系统的工作原理开始，逐步掌握卫星通信过程中导航信息传输的流程和存在的安全隐患；然后熟悉导航系统的威胁模型、欺骗原理和不同种类的欺骗手段，掌握导航信息安全保障的具体要素和需求分析方法，了解加密算法的基本原理和加密认证流程；最后学习书中一系列针对 B-CNAV 的安全认证方法，进行信息安全相关领域的实践。

本书是在中国民航大学安全科学与工程学院航空电信网及信息安全领域的教师、博士研究生和硕士研究生多年研究成果的基础上整理形成的，主要由国内首个航空安全领域博士点"安全科学与工程"中的"民航信息系统安全保障技术"方向带头人、中国民航大学信息安全实验室负责人吴志军教授组织撰写，参与撰写的人员还有岳猛教授和雷缙老师。其中，岳猛教授撰写了约 10 万字，雷缙老师撰写了约 5 万字。特别感谢信息安全实验室的鲁艳蓉、张礼哲、刘亮和李瑞琪提供的帮助；感谢中国民航大学图书馆的梁铖和 2020 级研究生张媛等人，他们在本书的整理、校对等方面做了大量工作；感谢中国民航大连空管站张云工程师对本书的贡献。本书内容的组织得到曹海娟、刘如森、杨一鸣等的支持，在此表示衷心感谢！

本书的出版得到了国家重点研发计划课题 2022YFB3904503、国家自然科学基金面上项目 62172418 和天津市应用基础研究多元投入基金重点项目 21JCZDJC00830 的资助，在此表示感谢！

本书是一本关于卫星导航系统信息安全的著作，对航空网络空间安全领域的科研、技术和管理人员在民用导航电文的数据安全和隐私保护方面的学习具有较高的参考价值。本书内容由浅入深，涵盖了导航系统脆弱性、欺骗原理及其实施方式，以及一系列抗欺骗方法，相关专业高校师生和航空网络安全领域的研究人员能够从中获得需要掌握的知识。

由于时间仓促和作者水平有限，书中有遗漏和不妥之处在所难免，还望读者批评指正！

著　者

2023 年 9 月 25 日于天津

目 录

CONTENTS

第1章
绪　论

全球卫星导航系统（Global Navigation Satellite System，GNSS）通过卫星发射的导航信息，得到实时的位置、精确的时间及速度信息[1-2]，提供定位、导航和时间测量服务。GNSS 广泛应用于军事、金融、交通等领域，尤其是在交通领域（航空、水路和公路）的应用，为人们的生活提供了极大的便利，已经渗透到社会的各个层面和人们生活的方方面面[3-5]。如此，一旦GNSS 数据的可靠性遭到破坏，产生的错误数据可以导致接收方得到错误的位置信息[6-7]，对重要领域的应用带来安全隐患，威胁着各个行业的生产运行 [8-9]。威胁 GNSS 数据安全的原因有两个：第一，干扰。由于 GNSS 频带资源有限，当较弱的 GNSS 信号被相同频率上的较强的无线电信号影响时，便出现干扰现象。这种干扰属于"白噪声"干扰，可以导致数据精度下降和潜在的定位偏差[10]。第二，欺骗。由于 GNSS 的导航信息是开放的，且民用导航电文（Civil Navigation Message，CNAV）具有信息透明性[11-13]，当欺骗攻击发生时，蓄意的攻击者会将伪造的 GNSS 信号发送到目标接收器，使得用户定位到错误的位置。所以，GNSS 面临潜在威胁包括信息篡改和实体伪装。

1.1　背景

卫星信号采用无线电波并经过长距离传回地球，这使接收方接收到的信

号非常微弱，很容易受到有意干扰和无意干扰的影响，卫星导航的精度及完好性也就不能得到保证[14]。此外，欺骗手段可以破坏卫星导航数据的完整性和真实性。各国卫星导航系统的接口控制文件（Interface Control Document，ICD）对民用卫星导航信号的相关参数（如载波频率、调制方式、导航电文等）都有详细的介绍和说明[15-16]。欺骗方通过技术手段，很容易对真实的卫星导航信号进行伪造，之后通过一定的欺骗策略将欺骗信号发送给接收方。这种欺骗干扰有很强的隐蔽性，使目标接收方很难及时地发现自己被欺骗。接收方会按照欺骗方事先假设的情况，得到错误的距离、定位和授时信息。在未来某个未知时刻，欺骗方会利用 GNSS 的安全漏洞进行欺骗攻击，对人们的日常生活和基础设施（如交通系统、通信系统、电网等）造成不可预测的财产损失和安全后果。

1.2　目的

GNSS 欺骗攻击具备隐蔽性强和破坏力大等特点，已成为攻击者青睐的攻击方式之一。大量的事实表明，GNSS 欺骗攻击已经造成巨大的财产损失和导致严重的后果，甚至威胁到人们的生命安全。因此，针对 GNSS 的脆弱性分析和防御 GNSS 欺骗攻击也成为社会各界研究的热点。

北斗卫星导航系统民用导航电文（BeiDou Civil Navigation Message，B-CNAV）是接收方使用北斗系统实现导航定位的关键基础数据。由于 B-CNAV 是通过未加密和未认证的无线信道广播的，因此容易受到欺骗攻击，使得接收方直接使用虚假的 B-CNAV 进行计算，进而导致接收方获得较大误差甚至错误的定位结果。针对欺骗攻击问题，在认证方法部分，本书根据北斗卫星导航系统（BeiDou Satellite Navigation System，BDS）的传输特点提出了 B-CNAV 信息认证方案；在认证协议部分，本书分别基于无证书和身份签名理论设计了不同的认证协议。相关研究适用于 B-CNAV 安全认证，不仅可以有效识别被篡改或伪造的导航信息，还可以达到保证信息完整性和信息源真实性的目的，以满足安全认证需求。

综上所述，本书研究的目的包括以下三个：第一，保证 BDS 的正常运行和可靠服务；第二，避免欺骗攻击造成灾难性后果和重大经济损失；第三，为 B-CNAV 的安全提供解决方案。

1.3　相关工作

当前，很多学者对欺骗攻击的检测和抑制进行了深入研究。欺骗检测的主要目标是从接收信号中区分出欺骗信号和真实卫星导航信号，在导航定位解算过程中不考虑欺骗信号，但是对欺骗信号不采取任何抑制或消除措施。欺骗干扰抑制是指在接收信号中检测出欺骗信号，并对欺骗信号进行一定程度的抑制或消除，使欺骗信号不影响卫星导航真实信号的正常定位解算过程。目前，抗欺骗方法主要有两类：一类针对接收信号的信号功率、载噪比等信号参数进行欺骗信号的识别和发现；另一类是信息层面的抗欺骗技术，如导航电文认证、协议类认证、导航电文认证与协议结合认证、扩频码认证、扩频码加密、水印加密、组合认证等。

1.3.1　信号层面的抗欺骗技术

信号层面的抗欺骗技术分类如图 1-1 所示。无须附加硬件设施的抗欺骗技术可细分为基于多普勒频移、基于一致性检验、基于信号参数统计量分析、基于到达时间和到达时间差及基于残留信号检测等。需要附加硬件设施的抗欺骗技术细分为基于天线阵列、基于到达角、基于子空间投影、基于信号到达方向和基于信号质量监测等。

1. 基于多普勒频移的抗欺骗技术

Jovanovic 等人[14]提出一种自适应跟踪算法，利用功率阈值检测器

（Power Threshold Detector，PTD）和多普勒频移检测器（Doppler Shift Detector，DOD）分别检测信号功率变化和载波多普勒偏移量变化，并对其进行统计值检验，可以较好地检测重放欺骗攻击。张国利等人[17]也基于 Jovanovic 的思想开展了研究，以跟踪环路中欺骗信号和真实卫星导航信号叠加后的复合信号，并将正常（未受欺骗攻击）的卫星信号幅度和信号频率差异作为欺骗检测的依据，分别设置信号功率异常检测阈值和多普勒频移检测阈值，可在北斗卫星导航信号中有效检测出欺骗信号。Qi 等人[18]在只接收真实卫星导航信号以及接收真实卫星导航信号和欺骗信号这两种场景下，研究了静态接收方锁相环和动态接收方锁相环采集的载波频率变化过程，并提出了一种基于多普勒频移的 GNSS 抗欺骗干扰方法。

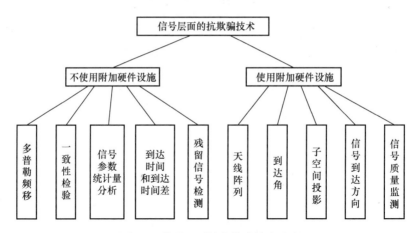

图 1-1　信号层面的抗欺骗技术分类

2. 基于一致性检验的抗欺骗技术

单天线欺骗信号较真实卫星导航信号而言具备坐标系区域对单点的映射特性，姚李昊等人[19]以此为欺骗检测依据，提出一种对监测区内若干观测点所接收信号的信息一致性进行检测的欺骗检测方法，通过多节点信息提高欺骗检测性能。Broumandan 等人[20]提出一种利用接收方移动天线对信号进行认证的欺骗干扰检测方法，在接收方跟踪阶段，根据接收方移动天线的信道响应，对信号对应幅值、相位和多普勒变化的高度相关性进行检测；在定位导航阶段，在移动接收方水平可观测的位置检测欺骗信号，用耦合惯性传感器（Inertial Measurement Unit，IMU）与 GNSS 进行测量，并把接收方运动模式融入欺骗干扰的检测和分类问题，以提高欺骗检测性能。基于网络或云的卫星信号真实性验证方法假定接收方之间存在速率较低的通信链路，或者通过云可以存储发送来的测量数据，若干独立运行的接收方在此范围内运行并共享测量数据，可分离真实卫星导航信号和欺骗信号的载波相位双差，从而检测出欺骗攻击[20]。相较于这两种方法，Wesson 等人[21]提出一种通过功率和失真检测技术对卫星信号进行认证的欺骗检测方法。该方法能够以高概率区分无干扰、多径干扰、低功耗欺骗干扰，或者阻塞干扰的接收信号。

3. 基于信号参数统计量分析的抗欺骗技术

统计理论中用来对数据进行检验的变量分析方法，可以应用在全球导航卫星系统欺骗检测领域。基于信号参数统计量难以伪造的特性，变量分析方法运用样本均值检验、平方和、方差、最大似然估计（Maximum Likelihood Estimation，MLE）检验等统计学方法，采取使用决策统计量和设置决策阈值等方式，结合相位空间特征和载波相位测量值等参数，完成欺骗干扰的有效识别。

Falletti 等人[22]提出一种基于后相关的实用欺骗检测方法，通过一系列静态和动态现场实验证明了其成功检测欺骗信号的有效性。在导航定位解算中，对遭受欺骗攻击的导航卫星采取排除并剔除的策略，以减少欺骗攻击对导航结果的影响。Hwang 等人[23]提出一种接收方自主信号认证方法，利用接收方估计的时钟状态 Allan 方差，分析接收方短时间内的时钟稳定性，判断是否存在由欺骗干扰源和 GNSS 接收方之间相对运动产生的动态欺骗干扰。Yuan 等人[24]提出一种基于序列概率比检验的 GNSS 欺骗检测方法。相较于基于预先确定观测次数的等可靠检验，该方法不需要预先确定所需观测次数。MLE 利用不同导航卫星具备的一致性的方法，已被广泛应用于接收方直接位置估计，可抵抗欺骗攻击。Wang 等人[25]解决了寻找最优 MLE 解的难题，利用吸引排斥型粒子群优化（Attractive and Repulsive Particle Swarm Optimization，

ARPSO）算法解决了基本粒子群算法的早熟收敛问题。Gross 等人[26]针对 MLE 问题进行了更深入的研究，利用基于单信号相关函数模型 MLE 后拟合残差的方法代替基于功率失真检测器（Power-Distortion Detector，PD）的对称差分失真测量值，并把改进技术称为 PD-ML，显著提高了其在多径干扰中识别欺骗干扰的性能。

4. 基于到达时间和到达时间差的抗欺骗技术

真实卫星转发的卫星信号被转发式欺骗干扰源接收，再传输到目标接收方的信号传输时间，不可避免地会比卫星信号从卫星直接传输到目标接收方的传输时间长，这是因为转发式欺骗信号需要经过一定的延迟，传输更长的路径才能到达接收方。如果卫星信号到达接收方目标天线相位中心处的时间差超出合理的范围，那么接收方的接收信号很可能是欺骗信号和真实卫星导航信号的复合信号。

对欺骗干扰定位主要基于到达时间差（Time Difference of Arrival，TDOA）估计，通常基于信号互相关性进行到达时间差测量。Zhang 等人[27]提出一种基于差分码相位（Differential Code Phase，DCP）的欺骗干扰 TDOA 估计方法，建立基于 DCP 的 TDOA 模型及其估计误差模型。该方法比常用方法精度更高，性能更好。由于欺骗干扰的功率水平仅仅略高于真实卫星导航信号的功率水平，因此基于功率检测的抗欺骗检测方法常常失效，而利用现有的其他欺骗检测方法对其进行实时检测是比较困难的。针对这个问题，Li 等人[28]根据卫星信号捕获模块在捕获过程中获取的跟踪信号相关值峰值，在任意信号间隔的情况下，利用超过阈值相关峰的数量判断是否存在欺骗信号的多模态检测方法，并给出评价标准定义、性能评估方法和经验公式。

5. 基于残留信号检测的抗欺骗技术

接收方在接收到欺骗信号的同时，是很难彻底消除真实卫星导航信号的。在欺骗攻击无法有效抑制真实卫星导航信号的假设下，可利用残留的真实卫星导航信号成分，针对接收信号中检测到的欺骗信号，完成残留信号检测。

Ali 等人[29]提出一种利用联合信号质量监测和残留信号监测两个指标的欺骗检测方法。该方法通过基于比率度量的两个指标和一对附加相关器，区分由多径干扰和欺骗干扰引起的相关函数失真，评估相关函数质量来检测残留信号。Wei 等人[30]针对紧耦合 MEMS INS/GNSS 组合导航系统提出了一种基于欺骗轮廓估计的 GNSS 欺骗识别方法。该方法利用扩展卡尔曼滤波器因欺骗攻击而产生残余失真的特性，反向重建欺骗轮廓并识别欺骗攻击。

6. 基于天线阵列的抗欺骗技术

基于天线阵列的欺骗检测方法利用空间滤波技术形成接收信号波束，在为特定角度提供增益的同时，对特定的空间扇区进行衰减，是静态和动态欺骗场景中实用有效的抗欺骗检测方法。该方法的实现通常需要额外的硬件设施，甚至需要校正天线阵列，并对捕获和跟踪阶段的接收方体系结构进行一定程度的更改。

Felski[31]提出由天线波束扇区覆盖的独立接收设备确定导航参数，在导航定位解算中忽略与其他导航监测设备参数信息不一致的信息，并通过添加一些由特殊数字硬件和软件控制的多单元天线阵内置机制，来规避干扰信号的影响。Hu 等人[32]提出基于阵列的盲自适应阵列信号处理方法。利用该方法不仅可以在非周期干扰、周期干扰和欺骗攻击中自适应形成深度零陷，还可以减少带内欺骗干扰并增强有用信号。Jiang 等人[15]提出一种基于基线数据统计分析的欺骗检测方法，分别考虑单一固定基线、固定且独立基线和双独立基线的 max/min 模型，并分析基线值对检测性能的影响。在双天线不同步的情况下，其他欺骗检测方法很有可能失效，而差分功率比仍可用于欺骗检测。王飞等人提出的伪距和载波相位测量非同步模型和基于双天线功率测量的欺骗检测方法可以在非同步情况下检测欺骗干扰。在实际卫星信号传输过程中，只使用一种抗欺骗方法应对多种干扰同时存在的情况可能有一些困难。Chang[33]提出一种能够自适应地响应多种干扰形式的多路复用方案。该方案可

以根据不同环境条件执行 4 种内部处理模式，并可检测、识别、减轻或消除欺骗干扰、共信道干扰和连续波干扰。王璐等人[34]通过重复执行 CLEAN 算法估计欺骗式干扰源来向和复振幅来计算欺骗信号功率，直到把欺骗式干扰源来向和个数全部估计出来；再通过估计真实卫星导航信号源来向和复振幅来估计真实卫星导航信号功率；最后利用估计出的各信号源来向信息对欺骗干扰进行辅助识别。

7. 基于到达角的抗欺骗技术

真实卫星信号到达接收方天线相位中心处的方向角不完全一致，而由同一发送方发射的欺骗信号到达接收方天线相位中心处的方向角是完全一致的。因此，基于到达角的欺骗检测方法，可将欺骗信号与真实卫星导航信号到达角的显著不同作为欺骗信号的识别特征，利用卫星信号的空间特性进行欺骗检测。

Montgomery 等人[35]提出一种基于 L1 载波差异的接收方到达角的多天线自主欺骗检测方法。对于处于静态的接收方，可通过接收方天线对接收信号进行到达角检测，或者观测表征相位差变化率的相位差方差实现欺骗信号的有效检测[36]。

8. 基于子空间投影的抗欺骗技术

子空间投影是一种常用的信号处理方法，选取构造子空间所需的合适信息是子空间投影技术的关键部分。通过求取空间域欺骗信号的子空间投影，可消除功率比真实卫星导航信号大一些的欺骗干扰信号。

Han 等人[7]在满足欺骗信号的信号强度比真实卫星导航信号的信号强度大的前提下，利用载波频率和码延迟参数信息，在伪随机噪声的码域将接收导航信号投影到欺骗信号的正交零空间，可实现检测和消除欺骗干扰信号。欺骗干扰器频率的快速变化会造成基于子空间投影的时/频域分析抗欺骗干扰方法对瞬时频率的准确性不敏感。针对该问题，Wang 等人[37]利用自适应投影模块将接收导航信号投影到欺骗干扰正交子空间，通过自适应分块子空间投影技术优化了欺骗干扰抑制算法，使相关器信噪比提升了 11 dB 。Dong 等人[38]提出一种两级混合干扰抑制方案。在不存在欺骗干扰的情况下，该方案可利用 sigmoid 函数对第一级处理过程进行调整，减弱其对真实卫星导航信号的影响；对第二级引入交叉谱的自相干恢复算法生成抗干扰波束，为真实卫星导航信号提供高波束增益。大部分干扰检测和抑制方法只针对一种干扰进行处理，而王璐等人[39]提出了基于多天线的压制式干扰与欺骗式干扰的联合抑制方法，首先把阵列天线接收信号投影到压制式干扰的正交子空间，来移除压制式干扰；然后根据解扩重扩算法获得的加权矢量间的相关性检测欺骗干扰，并抑制欺骗式干扰的正交子空间；最后形成指向真实卫星的高增益多波束。

9. 基于信号到达方向的抗欺骗技术

目前，唯一难以伪造的电磁波信号特征是来波方向，因为一个信号源发射的信号之间存在空间相关性。受当前技术条件限制，几颗不同卫星的欺骗信号往往是通过同一个欺骗信号源发射的，而真实卫星导航信号并不具备欺骗信号所拥有的空间相关性，因此可根据这个事实进行欺骗干扰检测。

Xu 等人[40]提出了一种基于多个信息源和参数评估预测的欺骗检测技术，在第一阶段利用坐标系变换对发射源分类，并选出具备高仰角的发射源，使用波束空间代替传感器空间以提供高增益；在第二阶段利用斜投影分离各接收信号，能较好地检测欺骗信号和大部分多径信号。石荣等人[41]通过对姿态仪测得的实际来波方向及惯性导航输出参数与由卫星历书数据推算出的卫星发射信号标准参考来波方向进行比较，选取合适的判决门限检测并剔除欺骗信号，使其不能参与后续定位解算过程，实现欺骗信号的有效检测。

10. 基于信号质量监测的抗欺骗技术

Manfredini 等人[42]提出一种利用信号质量监测技术（Signal Quality

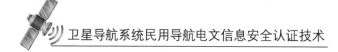

Monitoring Technology，SQMT）的信号处理算法，通过测量相关函数峰值质量，联合使用一对附加相关器检测残留信号，可在静态和动态条件下识别相关形状和残留信号的失真，以较低复杂度验证其抗欺骗干扰性能。Jahromi 等人[43]分析跟踪级欺骗干扰对接收方相关器输出的影响，设计信号质量监测（Signal Quality Monitoring，SQM）指标。检测由跟踪阶段真实卫星导航信号相关峰和伪造信号相关峰之间相互作用而导致的失真的异常形状或非对称相关峰，结合多个 SQM 的统计特性，并根据 SQM 度量的均值和方差计算出合适的欺骗检测阈值。Broumandan 等人[44]针对欺骗信号和多径信号共存环境中的欺骗信号检测问题，提出一种利用预解扩度量指标和后解扩度量指标从多径干扰中联合检测欺骗干扰的方法。信号质量监测指标最初用来监测受多径干扰影响的相关峰值质量，而改进后的 SQM 技术可以在跟踪阶段作为后解扩度量指标检测欺骗干扰。如果只有信号质量监测指标和载噪比超出阈值，则说明存在多径干扰；如果方差、稀疏主成分分析（Sparse Principal Component Analysis，SPCA）、SQM 和载噪比全部超过阈值，则说明检测出欺骗干扰。

1.3.2　信息层面的抗欺骗技术

GNSS 民用信号的信号参数与信息格式都是公开的，导致越来越多的 GNSS 民用信号受到欺骗攻击的影响，因此研究一种能够有效防止 GNSS 民用信号被欺骗的方案变得越来越重要。信息层面的抗欺骗技术可以分为导航电文加密技术和非导航电文加密技术。非导航电文加密技术是从接收方角度提出的抗欺骗技术，随着近年来欺骗技术的发展，这类传统的抗欺骗技术开始显现不足。基于此，许多学者运用导航电文加密技术来实现抵抗欺骗。

本小节将导航电文加密技术分为导航电文认证（Navigation Message Authentication，NMA）、协议认证（Protocol Authentication，PA）、导航电文

与协议混合认证（NMA 和 PA）、扩频码认证（Spreading Code Authentication，SCA）、扩频码加密（Spreading Code Encryption，SCE）、水印技术（Watermark Techniques，WT）和组合认证七大类，如图 1-2 所示。下面将详细介绍导航电文加密技术及其分类和非导航电文加密技术。

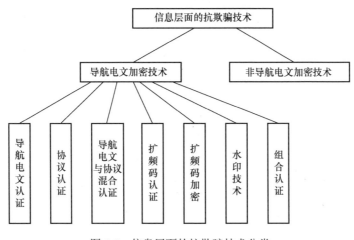

图 1-2　信息层面的抗欺骗技术分类

1. 基于导航电文认证的抗欺骗技术

针对 GNSS 民用导航电文（Civil Navigation Message，CNAV），一些学者提出了 NMA 方法。在该方法中，发送方通过加密算法生成认证信息并将其发送，接收方利用密钥对认证信息进行解密。通过分析解密结果，接收方验证导航信息的完整性。当 CNAV 无法认证成功时，接收方可以将该信息视为欺骗信息并删除，从而实现抵抗欺骗攻击。目前，相关文献中主要利用对称加密和非对称加密两种算法来实现 NMA。

Maier 等人[45]搭建了一个基于 NMA 的估计类欺骗攻击场景软件平台，并基于此平台对经过 NMA 的 Galileo E1B INAV 信号进行抗欺骗性能评估。评估结果表明，NMA 并不能抵抗某些特定环境中的估计类欺骗攻击，但是可以抵抗大部分生成式欺骗攻击。此外，他们还分析导航信息在传输过程中出现的字符错误对 NMA 认证成功率的影响。Chino 等人[46]搭建了一个功率类欺骗攻击的实验平台，发送方通过使用 RSA 加密算法对 QZSS L1C/A 部分导航电文进行加密，生成密文，并将该密文插入 QZSS L1SAIF 导航电文中传输；接收方通过解密密文来确定接收的信息是否为欺骗信息。该方案由于没有考虑其他安全因素，如信号传输协议、密钥管理等，因此无法有效保证系统的整体安全性。Wesson 等人[47]使用椭圆曲线数字签名算法（Elliptic Curve Digital Signature Algorithm，ECDSA）生成导航信息的签名。发送方将签名插入 GPS 的 CNAV 并传输，接收方通过验证签名来检验 CNAV 的完整性。此外，该方案可以检测转发式欺骗攻击，检测率大于 0.97，虚警率为 0.001。然而，该方案缺乏在真实环境中的检测，无法判断其实际性能。Wu 等人[48]提出了一种基于 ECDSA 保护北斗二代 CNAV 的方案。该方案不仅分析了高斯噪声环境中的认证率，还设计了北斗二代导航系统的完整密钥交换过程。仿真实验表明，基于 ECDSA 的 BDS 具有更好的抗欺骗能力。Wu 等人[49]还提出了 NMA 与 PA 相结合的北斗二代 CNAV 抗欺骗方案。该方案从理论上分析了北斗系统涉及卫星段、用户段和地面段的相互认证。从实验结果来看，该方案具有较小的误报率。

2. 基于协议认证的抗欺骗技术

NMA 方案都是利用加密算法来生成需要认证信息的签名或密文的，接收方通过公钥来实现认证的功能或通过密钥来解密密文，但是采用非对称加密的认证方式会造成计算量大的问题，于是有学者提出使用协议类方案来提高 NMA 的速度。

Caparra 等人[50]基于时间效应流丢失容错算法（Timed Efficient Stream Losstolerant Algorithm，TESLA）提出一种单向密钥链生成算法模型。该模型有效地提供了一个估计碰撞概率和生成密钥熵的上限值，可应用于基于 TESLA 的 NMA 方案。实验结果表明，该方案可以提升系统的稳健性。但是，该方案只进行了理论分析，缺乏真实欺骗环境中的仿真验证。Fernández-

Hernández 等人[51]基于 TESLA 设计了一种更加完善的 NMA 方案，并将其应用到 Galileo 开放服务信号中，以此来缩短导航信息认证时间，增强系统的稳健性，保障 Galileo E1B 信号的安全性。他们还提到交叉认证的导航电文认证方法（某些卫星通过数字签名方式来认证其他卫星）。该方法可以为导航信息认证提供双重保证（当卫星本身出现故障或系统受限时，可以利用其他卫星进行信息认证，以保障系统的正常运行及安全性）。但是，只有当传输的导航数据（需要被认证的信息）不可预测时，交叉认证的方法才能为所有卫星提供 NMA 并抵抗转发式欺骗攻击。此外，他们对不同类型的 TESLA 方案进行了比较分析，最终得出较完善的 NMA 方案。

3. 基于导航电文与协议混合认证的抗欺骗技术

协议类认证方案要求发送方和接收方具有严格的时间同步。此外，考虑到仅采用一种加密认证方法的抗欺骗方案不能抵抗多种欺骗攻击，有学者提出将协议类认证方案与其他加密算法结合的方案。Yuan 等人[52]使用 ECDSA 与 TESLA 相结合的方案对 B-CNAV 进行保护。该方案一方面使用 ECDSA 来保证 B-CNAV 在传输过程中的可靠性，另一方面使用 TESLA 来提高接收方的认证效率。虽然该方案具有较高的认证效率，但是对于多星欺骗攻击的抵抗性能仍有待分析。Kerns 等人[53]对 ECDSA 和 TESLA 进行比较，提出了一种将 ECDSA 和 TESLA 混合的方案，从认证计算量和实施可行性方面给出了一种现代化 CNAV 信息认证方法。该方法在对导航电文加密保护的同时，大幅度减少了接收方的计算量。

4. 基于扩频码认证的抗欺骗技术

基于扩频码认证（SCA）的抗欺骗检测方法通过在扩频码中插入一些不可预测的码片（如加密的码片或水印序列）来实现对未加密且公开的扩频码信息内容的保护。

Pozzobon[54]提出一种信号认证序列（Signal Authentication Sequence，

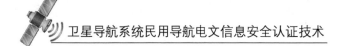

SAS）方案。SAS 的产生与流密码第一个码片的观测时间有关，且该 SAS 的长度是可变的。发送方将扩频码进行加密，接收方得到 SAS 后产生扩频码并将其与加密的扩频码进行相关。该方案设计了一整套导航通信过程进行仿真实验，针对不同的欺骗攻击比较分析了 NMA 方案与 SAS 方案的性能。Pozzobon 等人[55]针对开放 GNSS 信号的认证提出一种"超声码"认证方案，将超声码与加密后的扩频码进行复用，接收方使用码移位键控调制对加密的扩频码进行解调。通过以上过程可以加快 GNSS 信号的认证速度，以及扩展添加新服务的可能性。另外，该方案还对已知的欺骗攻击进行了评估分析。Kuhn[56]提出一种隐藏标记的概念来实现扩频码隐秘传输的功能。该隐藏标记是一个持续时间的矩形脉冲，它使用未公开的扩频码进行直接扩频调制，记录接收方提取到的隐藏标记的到达时间。该方案使用延迟公布扩频码的方法来检测选择性延迟欺骗攻击。

5. 基于扩频码加密的抗欺骗技术

SCE 是一种对公开的扩频码（民用扩频码）进行加密处理后再发射出去的技术。根据是否将扩频码进行完全加密，一类为完全扩频码加密方法，即 SCE；另一类为部分扩频码加密方法，即水印技术。总体来说，SCE 与水印技术二者都是出于保护扩频码的目的来对其进行全部或部分加密的方法。

Fernández-Hernández 等人[57]对 Galileo 服务 E6 商业信号的全部扩频码进行加密，并基于 TESLA 设计了 NMA 方案。该方案从理论上证明了 Galileo 民用卫星信号扩频码加密的可能性，但并非全部民用卫星都可以通过加密其扩频码来实现保护的目的。该方案通过硬件仿真实现扩频码的加密过程，并且可针对现有高准确度的接收方实现高准确认证的功能。Rügamer 等人[58]设计了一种可以使接收方利用公共监管服务码信息来保护其信息的方法，同时为接收方提供可以进行交叉认证功能的服务器，并且所有公共监管服务码信息都不对外公开，而由接收方自己保存，这样可以节省密钥存储开销。但是，该方法只进行了理论研究，并未在真实环境中进行实验验证。

6. 基于水印技术的抗欺骗技术

Scott[59]基于一些不可预测的扩频码序列（类似于扩频码认证技术），将扩频安全码淹没在热噪声中发射出去，接收方通过验证不可预测的码片进行认证。在以上过程中，接收方预先知道加密扩频码的码片选择。而在基于加密扩频码进行认证的方法中，码片本身就是加密方案的一部分，并且码片的选择随时间的变化而变化[60]。二者比较而言，后者具有更高的安全性。

7. 基于组合认证的抗欺骗技术

还有一些方案是将多种导航电文加密技术进行组合的方案。Curran 等人[61]基于 NMA 和 SCE 的组合提出一种 TESLA 广播认证加密方案。他们详细介绍了加密密钥的选择和分配，可对调制 Galileo E6 信号导频信道的扩频码进行加密保护，并对所提方案进行分析和评估。Margaria 等人[1]对现有 GNSS 民用信号认证方案的可行性进行了比较分析，通过结合多种欺骗方法，提出了一种对下一代 GNSS 民用信号更全面的加密和认证方案。但是，该方案的可行性在很大程度上取决于接收系统的复杂性和兼容性。Motella 等人[62]提出一种基于 SCA 和 NMA 的方案。该方案对 Galileo E1 OS 信号的导航电文和扩频码的信息进行双重保护认证。在 NMA 方面，该方案使用 TESLA 密钥链对导航电文按时隙进行加密；在 SCA 方面，该方案使用码位移键控调制将认证码的信息按时隙插入扩频码。实验结果表明，该方案对估计类欺骗攻击有较好的抵抗效果，并且可以满足不同接收方的安全需求。但是，该方案要求发送方和接收方实现严格的时间同步。

8. 非导航电文加密技术

导航电文加密技术是从接收方角度提出的抗欺骗技术。这类方法仅依靠接收方本身的性能对接收的导航电文进行分析，判断其接收的信息是否受到欺骗干扰。

Han 等人[63]利用接收方自主完好性监测（Receiver Autonomous Integrity

Monitoring，RAIM）技术及粒子滤波技术对接收的导航信息进行分析。通过粒子滤波技术，接收方对所测算的位置信息和速度信息进行降维，并提升各个维度的信息精度，最后通过分析计算结果来检测欺骗信息。Zhang 等人[64]利用卡尔曼滤波器分析位置信息参数，以确定是否接收欺骗信息。实验证明，该方法可以应用于高动态的接收方检测欺骗信号，但是由于其计算量较大，因此不适用于简单的芯片接收方。基于单独信息分析类的抗欺骗方法，一般会使接收方承受很大的计算负担。Curran 等人[65]通过信息编码的方法来抵抗欺骗攻击。该方法比一般的基于密码的抗欺骗方法更能抵抗噪声的影响，但由于需要接收方有较强的解码能力，故不适用于一般的接收方。Sun 等人[65]提出了基于伪距的 RAIM 的新威胁，并将基于伪距的 RAIM 的威胁描述为一个优化问题，使用快速梯度签名方法来优化问题，以免触发目标接收方的警报功能。也就是说，可以在不触发 RAIM 的情况下达到欺骗的目的。但是，他们并没有对提出的攻击模型进行防御分析。Liu 等人[67]介绍了一种基于卡尔曼滤波器的 GNSS 欺骗检测方法，给出了创新平均和测量平均这两种技术的特点及区别，具有很高的检测性和易于软件部署的应用前景。Sun 等人[68]提出了一种新的降维方法，将轴向积分维格纳双谱（Axial Integrated Wigner Bispectrum，AIWB）奇异值作为信号的特征向量，利用支持向量机（Support Vector Machine，SVM）实现对欺骗信号的识别。Borio 等人[69]通过时钟衍生指标研究了 GNSS 接收方指纹识别，并设计了一种用于特征选择的过滤方法。实验结果表明，该方法所采用的技术是时间有效的，只需要选择 3 个内在特征就可以识别接收方。虽然该方法可以轻松实现模型间识别，但模型内识别仍需要用不同的方法。

1.4　小结

GNSS 利用卫星技术在地球上任何一个位置提供准确的时间和地理位置信息，在多个领域发挥着巨大的作用。然而，GNSS 的 CNAV 具有公开透明、未加密及无认证的特点，使其极易受到恶意的第三方攻击，导致 CNAV 的完整性无法保障，从而影响 GNSS 服务的可靠性。为解决这一难题，许多学者开展了针对 GNSS 中 CNAV 的欺骗攻击的检测和防御技术的研究、从信号和信息两个层面提出了很多抗欺骗攻击的方法，以实现保障 CNAV 安全性的目的。

本章参考文献

[1] MARGARIA D, MOTELLA B, ANGHILERI M, et al. Signal structure-based authentication for civil GNSSs: recent solutions and perspectives[J]. IEEE Signal Processing Magazine, 2017, 34(5): 27-37.

[2] LO S, LORENZO D D, ENGE P, et al. Signal authentication, a secure civil GNSS for today[J]. Inside GNSS, 2009, 4(5): 30-39.

[3] YUAN D B, LI H, WANG F, et al. A GNSS acquisition method with the capability of spoofing detection and mitigation[J]. Chinese Journal of Electronics, 2018, 27(1): 213-222.

[4] WANG F, LI H, LU M Q. GNSS spoofing detection based on unsynchronized double-antenna measurements[J]. IEEE Access, 2018(6): 31203-31212.

[5] AMIN M G, CLOSAS P, BROUMANDAN A, et al. Vulnerabilities, threats, and authentication in satellite-based navigation systems[J]. Proceedings of the IEEE, 2016, 104(6): 1169-1173.

[6] PSIAKI M L, HUMPHREYS T E. GNSS spoofing and detection[J]. Proceedings of the IEEE, 2016, 104(6): 1258-1270.

[7] HAN S, CHEN L, MENG W X, et al. Improve the security of GNSS receivers through spoofing mitigation[J]. IEEE Access, 2017(5): 21057-21069.

[8] BROUMANDAN A, SIDDAKATTE R, LACHAPELLE G. Feature paper: an approach to detect GNSS spoofing[J]. IEEE Aerospace and Electronic Systems Magazine, 2017, 32(8): 64-75.

[9] SCHMIDT D, RADKE K, CAMTEPE S, et al. A survey and analysis of the GNSS spoofing threat and countermeasures[J]. ACM Computing Surveys, 2016, 48(4): 1-31.

[10] GAO G X, SGAMMINI M, LU M Q, et al. Protecting GNSS receivers from jamming and interference[J]. Proceedings of the IEEE, 2016, 104(6): 1327-1338.

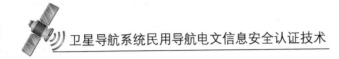

[11] HENG L, WORK D B, GAO G X. GPS signal authentication from cooperative peers[J]. IEEE Transactions on Intelligent Transportation Systems, 2015, 16(4): 1794-1805.

[12] PSIAKI M L, HUMPHREYS T E, STAUFFER B. Attackers can spoof navigation signals without our knowledge. Here's how to fight back GPS lies[J]. IEEE Spectrum, 2016, 53(8): 26-53.

[13] MASTRIGT L A V, WAL A J V D, OONINCX P J. Exploiting the Doppler effect in GPS to monitor signal integrity and to detect spoofing[C]//Proceedings of 2015 International Association of Institutes of Navigation World Congress (IAIN). Piscataway: IEEE Press, 2015: 1-8.

[14] JOVANOVIC A, BOTTERON C, FARINÉ P A. Multi-test detection and protection algorithm against spoofing attacks on GNSS receivers[C]//Proceedings of 2014 IEEE/ION Position, Location and Navigation Symposium. Piscataway: IEEE Press, 2014: 1258-1271.

[15] JIANG C H, CHEN S, CHEN Y W, et al. Analysis of the baseline data based GPS spoofing detection algorithm[C]//Proceedings of 2018 IEEE/ION Position, Location and Navigation Symposium (PLANS). Piscataway: IEEE Press, 2018: 397-403.

[16] CAPARRA G, CECCATO S, STURARO S, et al. A key management architecture for GNSS open service navigation message authentication[C]//Proceedings of 2017 European Navigation Conference (ENC). Piscataway: IEEE Press, 2017: 287-297.

[17] 张国利, 张尧, 田野. 基于 DOD 和 PTD 的北斗欺骗式干扰检测技术研究[J]. 应用科技, 2019, 46(2): 35-41.

[18] QI W K, ZHANG Y, LIU X H. A GNSS anti-spoofing technology based on Doppler shift in vehicle networking[C]//Proceedings of 2016 International Wireless Communications and Mobile Computing Conference (IWCMC). Piscataway: IEEE Press, 2016: 725-729.

[19] 姚李昊, 耿正霖, 苏映雪, 等. 对单天线转发式欺骗干扰坐标系映射特性分析[J]. 全球定位系统, 2015, 40(5): 19-24.

[20] BROUMANDAN A, JAFARNIA-JAHROMI A, DANESHMAND S, et al. Overview of spatial processing approaches for GNSS structural interference detection and mitigation[J]. Proceedings of the IEEE, 2016, 104(6): 1246-1257.

[21] WESSON K D, GROSS J N, HUMPHREYS T E, et al. GNSS signal authentication via power and distortion monitoring[J]. IEEE Transactions on Aerospace and Electronic Systems, 2018, 54(2): 739-754.

[22] FALLETTI E, MOTELLA B, GAMBA M T. Post-correlation signal analysis to detect spoofing attacks in GNSS receivers[C]//Proceedings of 2016 24th European Signal

Processing Conference (EUSIPCO). Piscataway: IEEE Press, 2016: 1048-1052.

[23] HWANG P Y, MCGRAW G A. Receiver autonomous signal authentication (RASA) based on clock stability analysis[C]//Proceedings of 2014 IEEE/ION Position, Location and Navigation Symposium. Piscataway: IEEE Press, 2014: 270-281.

[24] YUAN D B, LI H, LU M Q. A method for GNSS spoofing detection based on sequential probability ratio test[C]//Proceedings of 2014 IEEE/ION Position, Location and Navigation Symposium. Piscataway: IEEE Press, 2014: 351-358.

[25] WANG F, LI H, LU M Q. ARPSO-MLE based GNSS anti-spoofing method[C]//Proceedings of 2015 IEEE International Conference on Signal Processing, Communications and Computing. Piscataway: IEEE Press, 2015: 1-5.

[26] GROSS J N, KILIC C, HUMPHREYS T E. Maximum-likelihood power-distortion monitoring for GNSS-signal authentication[J]. IEEE Transactions on Aerospace and Electronic Systems, 2019, 55(1): 469-475.

[27] ZHANG Z J, ZHAN X Q, ZHANG Y H. GNSS spoofing localization based on differential code phase[C]//Proceedings of 2017 Forum on Cooperative Positioning and Service (CPGPS). Piscataway: IEEE Press, 2017: 338-344.

[28] LI J, ZHANG J T, CHANG S F, et al. Performance evaluation of multimodal detection method for GNSS intermediate spoofing[J]. IEEE Access, 2016(4): 9459-9468.

[29] ALI K, MANFREDINI E G, DOVIS F. Vestigial signal defense through signal quality monitoring techniques based on joint use of two metrics[C]//Proceedings of 2014 IEEE/ION Position, Location and Navigation Symposium. Piscataway: IEEE Press, 2014: 1240-1247.

[30] WEI Y M, LI H, LU M Q. Spoofing profile estimation-based GNSS spoofing identification method for tightly coupled MEMS INS/GNSS integrated navigation system[J]. IET Radar, Sonar & Navigation, 2020, 14(2): 216-225.

[31] FELSKI A. Methods of improving the jamming resistance of GNSS receiver[J]. Annual of Navigation, 2016(23): 185-198.

[32] HU Y F, BIAN S F, LI B, et al. A novel array-based spoofing and jamming suppression method for GNSS receiver[J]. IEEE Sensors Journal, 2018, 18(7): 2952-2958.

[33] CHANG C L. Multiplexing scheme for anti-jamming global navigation satellite system receivers[J]. IET Radar, Sonar & Navigation, 2012, 6(6): 443-457.

[34] 王璐, 李素姣, 张耀天, 等. 利用周期重复 CLEAN 的 GNSS 欺骗式干扰抑制算法[J]. 信号处理, 2015, 31(12): 1636-1641.

[35] MONTGOMERY P Y, HUMPHREYS T E, LEDVINA B M. Receiver-autonomous spoofing

detection: experimental results of a multi-antenna receiver defense against a portable civil GPS spoofer[C]//Proceedings of the 2009 International Technical Meeting of the Institute of Navigation, 2009: 124-130.

[36] 李雅宁, 蔚保国, 甘兴利. 卫星导航接收方反电子欺骗技术比较研究[J]. 无线电工程, 2016, 46(3): 49-53.

[37] WANG P, WANG Y Q, CETIN E, et al. GNSS jamming mitigation using adaptive-partitioned subspace projection technique[J]. IEEE Transactions on Aerospace and Electronic Systems, 2019, 55(1): 343-355.

[38] DONG K, ZHANG Z L, XU X D. A hybrid interference suppression scheme for global navigation satellite systems[C]//Proceedings of 2017 9th International Conference on Wireless Communications and Signal Processing (WCSP). Piscataway: IEEE Press, 2017: 1-7.

[39] 王璐, 吴仁彪, 王文益, 等. 基于多天线的 GNSS 压制式干扰与欺骗式干扰联合抑制方法[J]. 电子与信息学报, 2016, 38(9): 2344-2350.

[40] XU G H, SHEN F, AMIN M, et al. DOA classification and CCPM-PC based GNSS spoofing detection technique[C]//Proceedings of 2018 IEEE/ION Position, Location and Navigation Symposium (PLANS). Piscataway: IEEE Press, 2018: 389-396.

[41] 石荣, 刘江. 基于惯导与 GNSS 测姿解算的导航欺骗信号检测[C]//第九届中国卫星导航学术年会论文集, 2018: 1-5.

[42] MANFREDINI E G, DOVIS F, MOTELLA B. Validation of a signal quality monitoring technique over a set of spoofed scenarios[C]//Proceedings of 2014 7th ESA Workshop on Satellite Navigation Technologies and European Workshop on GNSS Signals and Signal Processing (NAVITEC). Piscataway: IEEE Press, 2014: 1-7.

[43] JAHROMI A J, BROUMANDAN A, DANESHMAND S, et al. Galileo signal authenticity verification using signal quality monitoring methods[C]//Proceedings of 2016 International Conference on Localization and GNSS (ICL-GNSS). Piscataway: IEEE Press, 2016: 1-8.

[44] BROUMANDAN A, JAFARNIA-JAHROMI A, LACHAPELLE G, et al. An approach to discriminate GNSS spoofing from multipath fading[C]//Proceedings of 2016 8th ESA Workshop on Satellite Navigation Technologies and European Workshop on GNSS Signals and Signal Processing (NAVITEC). Piscataway: IEEE Press, 2016: 1-10.

[45] MAIER D, FRANKL K, BLUM R, et al. Preliminary assessment on the vulnerability of NMA-based Galileo signals for a special class of record & replay spoofing attacks[C]//Proceedings of 2018 IEEE/ION Position, Location and Navigation Symposium (PLANS). Piscataway: IEEE Press, 2018: 63-71.

[46] CHINO K, MANANDHAR D, SHIBASAKI R. Authentication technology using QZSS[C]//Proceedings of 2014 IEEE/ION Position, Location and Navigation Symposium. Piscataway: IEEE Press, 2014: 367-372.

[47] WESSON K, ROTHLISBERGER M, HUMPHREYS T. Practical cryptographic civil GPS signal authentication[J]. Navigation, 2012, 59(3): 177-193.

[48] WU Z J, LIU R S, CAO H J. ECDSA-based message authentication scheme for BeiDou-II navigation satellite system[J]. IEEE Transactions on Aerospace and Electronic Systems, 2019, 55(4): 1666-1682.

[49] WU Z J, ZHANG Y, LIU R S. BD-II NMA&SSI: an scheme of anti-spoofing and open BeiDou-II D2 navigation message authentication[J]. IEEE Access, 8: 23759-23775.

[50] CAPARRA G, STURARO S, LAURENTI N, et al. Evaluating the security of one-way key chains in TESLA-based GNSS Navigation Message Authentication schemes[C]//Procee-dings of 2016 International Conference on Localization and GNSS (ICL-GNSS). Piscataway: IEEE Press, 2016: 1-6.

[51] FERNÁNDEZ-HERNÁNDEZ I, RIJMEN V, SECO-GRANADOS G, et al. A navigation message authentication proposal for the Galileo open service[J]. Navigation, 2016, 63(1): 85-102.

[52] YUAN M Z, LV Z C, CHEN H M, et al. An implementation of navigation message authentication with reserved bits for civil BDS anti-spoofing[C]//Proceedings of China Satellite Navigation Conference, 2017: 91.

[53] KERNS A J, WESSON K D, HUMPHREYS T E. A blueprint for civil GPS navigation message authentication[C]//Proceedings of 2014 IEEE/ION Position, Location and Navigation Symposium. Piscataway: IEEE Press, 2014: 262-269.

[54] POZZOBON O. Keeping the spoofs out: signal authentication services for future GNSS[R]. Inside GNSS, 2011.

[55] POZZOBON O, GAMBA G, CANALE M, et al. From data schemes to supersonic codes: GNSS authentication for modernized signals[R]. Inside GNSS, 2015.

[56] KUHN M G. An asymmetric security mechanism for navigation signals[C]//Proceedings of the 6th International Conference on Information Hiding, 2004: 239-252.

[57] FERNÁNDEZ-HERNÁNDEZ I, RODRÍGUEZ I, TOBÍAS G, et al. Galileo's commercial service: testing GNSS high accuracy and authentication[R]. Inside GNSS, 2015.

[58] RÜGAMER A, STAHL M, LUKČIN I, et al. Privacy protected localization and authentication of georeferenced measurements using Galileo PRS[C]//Proceedings of 2014 IEEE/ION Position, Location and Navigation Symposium. Piscataway: IEEE Press, 2014:

478-486.

[59] SCOTT L. Anti-spoofing & authenticated signal architectures for civil navigation systems[C]//Proceedings of the 16th International Technical Meeting of the Satellite Division of the Institute of Navigation, 2003: 1543-1552.

[60] ANDERSON J M, CARROLL K L, DEVILBISS N P, et al. Chips-message robust authentication (chimera) for GPS civilian signals[C]//Proceedings of the 30th International Technical Meeting of the Satellite Division of the Institute of Navigation, 2017: 2388-2416.

[61] CURRAN J T, PAONNI M. Securing GNSS: an end-to-end feasibility study for the Galileo open service[C]//Proceedings of the 27th International Technical Meeting of the Satellite Division of The Institute of Navigation, 2014: 2828-2842.

[62] MOTELLA B, MARGARÍA D, PAONNI M. SNAP: an authentication concept for the Galileo open service[C]//Proceedings of 2018 IEEE/ION Position, Location and Navigation Symposium (PLANS). Piscataway: IEEE Press, 2018: 967-977.

[63] HAN S, LUO D S, MENG W X, et al. Antispoofing RAIM for dual-recursion particle filter of GNSS calculation[J]. IEEE Transactions on Aerospace and Electronic Systems, 2016, 52(2): 836-851.

[64] ZHANG T G, GAO J P, YE F. Anti-spoofing algorithm based on adaptive Kalman filter for high dynamic positioning[C]//Proceedings of 2017 Progress in Electromagnetics Research Symposium - Fall (PIERS - FALL). Piscataway: IEEE Press, 2017: 838-845.

[65] CURRAN J T, NAVARRO M, ANGHILERI M, et al. Coding aspects of secure GNSS receivers[J]. Proceedings of the IEEE, 2016, 104(6): 1271-1287.

[66] SUN Y, FU L. A new threat for pseudorange-based RAIM: adversarial attacks on GNSS positioning[J]. IEEE Access, 7: 126051-126058.

[67] LIU Y, LI S H, FU Q W, et al. Analysis of Kalman filter innovation-based GNSS spoofing detection method for INS/GNSS integrated navigation system[J]. IEEE Sensors Journal, 2019, 19(13): 5167-5178.

[68] SUN M H, ZHANG L B, BAO J R, et al. RF fingerprint extraction for GNSS anti-spoofing using axial integrated Wigner bispectrum[J]. Journal of Information Security and Applications, 2017(35): 51-54.

[69] BORIO D, GIOIA C, CANO PONS E, et al. GNSS receiver identification using clock-derived metrics[J]. Sensors, 2017, 17(9): 2120.

第 2 章
北斗卫星导航系统的脆弱性

BDS 的脆弱性是指系统或在自然灾害时的稳定性和可靠性，也是衡量风险暴露程度及其易感性和恢复力的指标。BDS 的稳定性和可靠性直接关系到国家安全。因此，研究 BDS 的脆弱性是保障 BDS 安全服务的前提。

2.1　脆弱性分析

随着"三步走"战略的逐步完成，BDS 在各个领域发挥着越来越大的作用。它不仅可以为接收方提供准确的授时、测速和定位服务，还具有独特的北斗短报文服务功能（将报文和导航相结合，主要应用于海洋通信、农业集约化养殖和应急救援行动等[1-2]）。同时，随着 BDS 的逐步普及及其被依赖程度越来越高，BDS 被干扰导致的后果将越来越严重。因此，必须认真考虑 BDS 的脆弱性，制定必要的缓解措施。近年来，国内学者在积极应用 BDS 技术成果的同时，也总结了 BDS 的一些漏洞，并提出了相应的解决方法。

GNSS 集卫星技术、电子技术、通信技术和信息处理技术于一体。各种技术都有其自身的漏洞，同时其分布式特性也使自身容易受到来自空间、地面、应用终端等节点的自然灾害和人为攻击。如图 2-1 所示，本节将 BDS 的脆弱性分为 3 个方面：系统本身（包括信号和接收方）脆弱性、卫星信号传

播途径（空间天气、大气和多径效应等）脆弱性、干扰相关的（无意干扰和有意干扰）脆弱性。

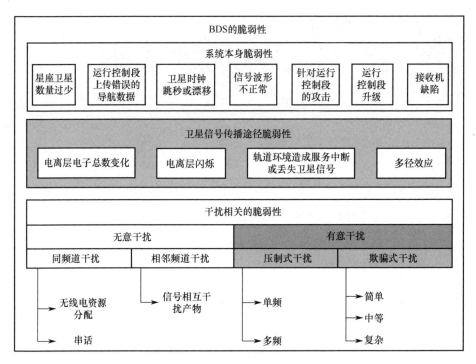

图 2-1　北斗卫星导航系统的脆弱性

2.1.1　系统本身脆弱性

系统本身脆弱性主要指因卫星导航系统空间段、运行控制段和用户段故障或问题产生的脆弱性。其中，空间段和用户段故障或问题产生的脆弱性的影响较大。

1. 星座卫星数量过少

星座卫星发生故障或不能维持正常的卫星数量，将导致 GNSS 不能提供满足性能要求的服务。俄罗斯的 GLONASS 的星座卫星数量最少时曾只有 7 颗，导致其无法独立提供卫星导航服务。

2. 运行控制段上传错误的导航数据

卫星导航系统导航信号所包含的数据一般由运行控制段上传至卫星，包括时钟预测数据、星历与轨道预测数据等。运行控制段上传至卫星的导航数据与信息出现问题，将对系统服务性能造成全面影响。

3. 卫星时钟跳秒或漂移

星上时间的精确同步与精确预报是时间测距卫星导航系统提供精确定位导航授时服务的基础。卫星时钟出现跳秒或漂移将使该卫星的星上时间不可预测，从而导致服务风险。

4. 信号波形不正常

如果星上信号调制或信号生成过程出现问题，则卫星将播发不健康的信号，并在接收方引发不可预知的结果，其有极高的风险。

5. 针对运行控制段的攻击

卫星导航系统运行控制段一般具有一定的抗攻击能力，但十分有限。相对而言，卫星导航系统的远程站更易受到攻击。

6. 运行控制段升级

运行控制段系统升级或更新是卫星导航系统发展的需要，也是卫星导航系统本身脆弱性产生的重要因素。运行控制段系统升级或更新中的任何问题都有可能使卫星导航服务发生故障，甚至中断。

7. 接收机缺陷

除了特定场景中的接收机需按规定进行相关专业测试、验收，大部分民用接收机仅需要通过生产厂商的测试即可投入使用，因而易存在软件或其他缺陷。这些缺陷会以某种方式影响接收机的性能，而且只能在某些特定的情况下才能被发现。

2.1.2 卫星信号传播途径脆弱性

导航卫星播发的导航信号需要穿过大气层、电离层才能到达位于地面、空中的接收设备（空间用户除外）。因此，卫星导航服务必然受到大气层、电离层变化的影响。

对流层位于大气层的底部，是大气层密度最大的区域，包含了整个地球气象系统。地球气象系统的变化可导致导航信号的延迟，但这种延迟可利用对流层模型进行修正。电离层位于大气层的顶部，是卫星导航服务的最大误差源。电离层的变化，特别是在低纬度、高纬度区域，以及太阳黑子活动高峰时期对卫星导航系统具有较大影响。

1. 电离层电子总数变化

电离层电子总数变化对卫星导航服务的影响分为两种情况，一种是电子总数的缓慢变化，另一种是电子总数的快速变化。电离层电子总数的缓慢变化将导致电离层的电子总数增加或减少，引起电离层延迟误差的变化。太阳耀斑爆发和日冕物质喷发将导致电离层电子总数的快速变化，且这种变化产生的电离层延迟误差不能利用天基增强系统或差分系统进行修正，有可能引发严重的安全问题。

2. 电离层闪烁

电离层小规模的扰动可能造成卫星导航信号传播路径的变化，引发卫星导航信号的多径效应。此时，卫星导航接收方将接收相位和振幅快速变化的信号，如果接收方不具有足够的健壮性，则可能无法锁定信号。在赤道与两极区域，电离层闪烁事件经常发生，有时影响范围较大。

3. 轨道环境造成服务中断或丢失卫星信号

当太阳风暴（耀斑爆发、日冕物质喷发等）发生时，空间高能粒子密度与电离层的变化可能导致卫星导航服务中断或卫星信号丢失。一般上述事件仅引发暂时性的服务中断，但在极端情况下，如发生超大规模或指向地球的太阳风暴时，可能导致多颗卫星不能正常工作，造成大范围的服务中断。

4. 多径效应

多径效应是指接收方接收到的是反射信号，而不是卫星直接播发的信号。造成卫星导航信号反射的有建筑物、山体等。如果接收方锁定了反射信号，将产生较大的定位误差，有时甚至可达数百米，从而引发定位风险。

2.1.3　干扰相关的脆弱性

GNSS 的主要目的是提供卫星导航服务，其发射功率较低，且卫星与地球表面的距离十分遥远，因此卫星信号到达地球表面时已十分微弱，功率约为 -166 dBW[3]，是电视机天线接收到的电视信号功率的十亿分之一。GNSS 信号的抗干扰裕度不大，码元和载波易丢失，因此 GNSS 核心卫星和星基增强系统（Satellite-Based Augmentation System，SBAS）发出的信号极易被干扰，如果干扰超出屏蔽等级，则会造成无法提供服务，因此不能允许这种干扰产生有害或误导的信息。干扰可分为无意干扰和有意干扰。

1. 无意干扰

无意干扰主要源于在卫星导航信号相邻频段工作的射频发射设备产生的段外辐射。在国际电信联盟的频率分配中，L 频段不仅分配给卫星导航，还分配给其他无线电业务，具体分配情况如下。L1 频段：移动与固定甚高频通信、移动卫星服务、超宽带通信、电视广播、超视距雷达，以及车辆、船舶装备的移动电话等；L2 频段：雷达系统、航空无线电导航服务等；L5 频段：航空无线电导航服务、军事联合战术信息分发系统、多功能信息分发系统等[4]。

另外，不同卫星导航系统之间也存在导航信号的相互干扰。2011 年发生的"光平方事件"就是典型的无意干扰事件。"光平方事件"的起因是光平方公司网络试图在地面利用分配给移动卫星服务的频段播发 4G 服务信号。

2. 有意干扰

有意干扰是一种主动干扰行为，其目的是阻止或阻断卫星导航系统提供的定位导航与授时服务。有意干扰主要包括压制式干扰和欺骗式干扰两种形式[5,6]，欺骗式干扰又可以分为转发式欺骗干扰和生成式欺骗干扰。

综合而言，在技术条件不高的情况下，采用压制式干扰是最有效的，但也是最容易被检测的。从适用范围来看，采用转发式欺骗干扰可以同时对所有信号进行干扰，但欺骗方必须设计欺骗方案以保证欺骗效果较好。就干扰效果而言，生成式欺骗干扰对民用信号的安全性有较大的影响。

2.2 有意干扰

压制式干扰和欺骗式干扰过程如图 2-2 所示。

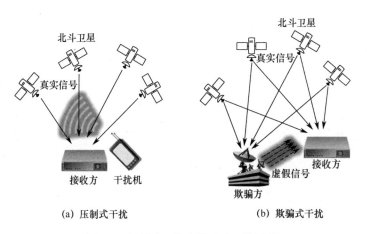

(a) 压制式干扰   (b) 欺骗式干扰

图 2-2 压制式干扰和欺骗式干扰过程

图 2-2 中，带箭头的实线代表真实信号，带箭头的虚线代表欺骗方向目标接收方发送的欺骗信号，曲线代表干扰机发出的干扰信号。在发生欺骗攻击的情况下，欺骗方和接收方都可以接收到真实信号。

2.2.1 压制式干扰

压制式干扰主要利用发送方发射大功率干扰信号，并在接收方前端抑制卫星信号，从而屏蔽或抑制 GNSS 接收方接收到的 GNSS 卫星信号的频谱。此外，压制式干扰使接收信号的信噪比显著降低，进而使接收方降低或完全失去正常工作的能力。其优点是一般在非常宽的频带上可对几乎所有信号进行压制，实现相对简单；缺点是敌我不分，在压制敌方信号的同时也压制己方信号，且易于被侦测并被反辐射武器摧毁。

遭受压制式干扰攻击的接收方无法接收常规跟踪的卫星信号[5]。接收方可以调整相关的接收天线，去除接收信号中的阻塞信号，提高信号的信噪比[6]。因此，接收方可以毫不费力地检测到压制式干扰攻击。

2.2.2 欺骗式干扰

欺骗式干扰是一种以对卫星导航信号的了解、认知为基础，使接收方难以辨别真伪信号或因甄别真伪信号而造成计算量增加，导致定位性能降低的攻击方式。欺骗式干扰主要包括生成式欺骗干扰和转发式欺骗干扰。

生成式欺骗干扰依据对卫星导航信号及其结构的了解，拟合出符合卫星导航信号接收规范的伪码，使接收方不能识别真实卫星导航信号与欺骗信号，无意识地捕获和跟踪欺骗信号[5,7]，解算出错误的定位和导航信息[8]。生成式欺骗干扰的特点是对 GNSS 具有摧毁性的干扰效果，但其实现的技术难度非常高。

转发式欺骗干扰是利用卫星导航信号在空间的传播特性，将接收到的卫星导航信号进行人为的延迟后，再将信号转发给目标接收方。这种干扰不需要详细了解卫星导航信号的参数、伪码结构，也不需要进行数据篡改。因此，经过欺骗方转发后的干扰信号与真实卫星导航信号完全相同，只是信号的延迟和幅

度不同。接收方接收到欺骗方转发的信号后，计算出错误的信号延迟和伪距信息，从而影响定位结果[9]。欺骗方必须匹配一些与转发式欺骗干扰兼容的干扰策略，以提高攻击的成功率[10]。

2.3 小结

本章系统地分析了 BDS 的脆弱性，其中包括系统本身脆弱性、卫星信号传播途径脆弱性、干扰脆弱性；从卫星导航干扰对卫星导航信号的影响、干扰实现的具体过程、干扰的优势和缺陷等角度，进一步详尽地介绍了压制式干扰和欺骗式干扰的特点。

本章参考文献

[1] 张舒黎, 石元兵, 王雍. 北斗短报文通信安全研究[J]. 通信技术, 2019, 52(11): 2776-2780.

[2] 刘晗. 基于北斗全球卫星的短报文通信业务[C]//第十五届卫星通信学术年会论文集, 2019: 317-322.

[3] MORALES-FERRE R, RICHTER P, FALLETTI E, et al. A survey on coping with intentional interference in satellite navigation for manned and unmanned aircraft[J]. IEEE Communications Surveys & Tutorials, 2020, 22(1): 249-291.

[4] 刘春保. 卫星导航系统脆弱性评估与对策[J]. 卫星应用, 2015(4): 49-54.

[5] 王璐, 吴仁彪, 王文益, 等. 基于多天线的 GNSS 压制式干扰与欺骗式干扰联合抑制方法[J]. 电子与信息学报, 2016, 38(9): 2344-2350.

[6] DONG K, ZHANG Z L, XU X D. A hybrid interference suppression scheme for global navigation satellite systems[C]//Proceedings of 2017 9th International Conference on Wireless Communications and Signal Processing (WCSP). Piscataway: IEEE Press, 2017: 1-7.

[7] OUYANG X F, ZENG F L, HOU P, et al. Analysis and evaluation of spoofing effect on GNSS receiver[C]//Proceedings of 2015 IEEE 12th International Conference on Ubiquitous Intelligence and Computing and 2015 IEEE 12th International Conference on Autonomic

and Trusted Computing and 2015 IEEE 15th International Conference on Scalable Computing and Communications and Its Associated Workshops. Piscataway: IEEE Press, 2015: 1388-1392.

[8]　WESSON K, ROTHLISBERGER M, HUMPHREYS T. Practical cryptographic civil GPS signal authentication[J]. Navigation, 2012, 59(3): 177-193.

[9]　黄龙, 吕志成, 王飞雪. 针对卫星导航接收方的欺骗干扰研究[J]. 宇航学报, 2012, 33(7): 884-890.

[10]　MARGARIA D, MOTELLA B, ANGHILERI M, et al. Signal structure-based authentication for civil GNSSs: recent solutions and perspectives[J]. IEEE Signal Processing Magazine, 2017, 34(5): 27-37.

第 3 章
面向北斗卫星导航系统的欺骗
攻击模型

BDS 面临诸多安全威胁，其中典型的是欺骗攻击。本章主要研究欺骗攻击，并对 BDS 威胁模型、欺骗原理和欺骗攻击类型进行分析。

3.1 威胁模型

欺骗攻击威胁模型[1-2]如图 3-1 所示。

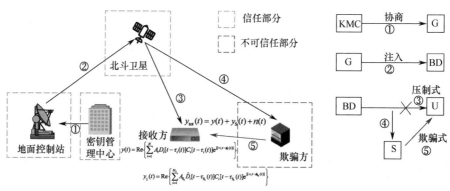

图 3-1　欺骗攻击威胁模型

图 3-1 中，每个通信过程都被赋予了标号，细虚线框代表模型中的信任部分，粗虚线框代表模型中的不可信任部分，KMC 代表密钥管理中心，G 代表地面控制站，BD 代表北斗卫星，U 代表接收方，S 代表欺骗方。该模型设计的前提假设是在密钥管理中心（Key Management Center，KMC）与地面控

制站协商密钥及安全参数的过程中，地面控制站将导航电文注入卫星的过程是信任部分，而欺骗方篡改真实卫星信息的过程是不可信任部分。欺骗攻击模型和过程描述如下。

欺骗方如果想要发动欺骗攻击，则必须知道北斗卫星民用导航信号公开的射频载波、伪随机噪声（Pesudo Random Noise，PRN）码和数据编排信息的格式。卫星信号的模型一般为[3]

$$y(t) = \mathrm{Re}\left\{ \sum_{i=1}^{N} A_i D_i[t - \tau_i(t)] C_i[t - \tau_i(t)] \mathrm{e}^{\mathrm{j}[\omega_c t - \phi_i(t)]} \right\} \quad (3\text{-}1)$$

式中，N 是连续扩频码特殊信号的个数；A_i 是第 i 个信号的幅值；D_i 是第 i 个信号的导航电文；C_i 是第 i 个信号的扩频码；τ_i 是第 i 个信号的码相位；ω_c 是信号的载波频率；ϕ_i 是第 i 个信号的载波合拍相位。

欺骗信号的模型为[3]

$$y_{\mathrm{S}}(t) = \mathrm{Re}\left\{ \sum_{i=1}^{N_{\mathrm{S}}} A_{\mathrm{S}_i} \hat{D}_i[t - \tau_{\mathrm{S}_i}(t)] C_i[t - \tau_{\mathrm{S}_i}(t)] \mathrm{e}^{\mathrm{j}[\omega_c t - \phi_{\mathrm{S}_i}(t)]} \right\} \quad (3\text{-}2)$$

在一般情况下，$N_{\mathrm{S}}=N$，即欺骗信号的数量与真实卫星导航信号的数量相同。每个欺骗信号都必须与真实卫星导航信号的扩频码 C_i 一致，并且欺骗信号的导航电文都进行了篡改。欺骗信号的幅值、相位和载波合拍相位的不同决定了欺骗攻击类型的不同。在威胁模型中，受害者接收的信号为[3]

$$y_{\mathrm{tot}}(t) = y(t) + y_{\mathrm{S}}(t) + n(t) \quad (3\text{-}3)$$

可见，受害者接收的信号主要包含真实卫星导航信号 $y(t)$、欺骗信号 $y_{\mathrm{S}}(t)$ 和噪声 $n(t)$ 三部分。

3.2　欺骗原理和欺骗攻击类型

为了对欺骗攻击有更详细的了解，本节将具体介绍欺骗原理，以及欺骗攻击类型。

3.2.1 欺骗原理

对大多数接收方而言，其接收到的信号功率较小且较微弱，一般通过扩频码相关来确定捕获及跟踪卫星导航信号。在现实的生活环境中，多径效应及大功率电磁波都会对接收方的正常接收产生影响。由于多径信号的功率小于真实卫星导航信号的功率，因此接收方会排除较小功率的信号，跟踪较大功率的信号来抵抗多径效应。欺骗方利用接收方这一特性，调整欺骗信号的功率，使其稍大于真实卫星导航信号的功率，将欺骗信号发送给接收方，从而欺骗接收方[3]。欺骗攻击的欺骗过程如图 3-2 所示。

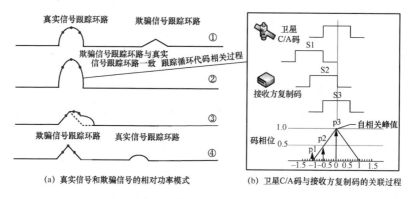

(a) 真实信号和欺骗信号的相对功率模式   (b) 卫星C/A码与接收方复制码的关联过程

图 3-2　欺骗攻击的欺骗过程

在图 3-2 所示的欺骗过程中，真实卫星导航信号和欺骗信号的相对功率模式主要有 4 种，如图 3-2（a）所示。曲线①表示欺骗信号寻找真实信号跟踪环路的过程，此时欺骗信号的功率小于真实信号的功率。曲线②表示欺骗信号跟踪环路与真实信号跟踪环路一致。曲线③表示接收方从捕获真实信号状态到捕获欺骗信号状态的转变。曲线④表示欺骗信号的功率大于真实信号的功率，并且两种信号的相位存在一定的偏移，在这种情况下，接收方持续捕获欺骗信号。由于存在相位偏移，接收方很难发现其接收的信号是欺骗信号。为了进一步提升欺骗攻击的成功率，欺骗方会结合一定的欺骗策略进行欺骗攻击。图 3-2（b）所示是卫星 C/A 码与接收方复制码的关联过程。S1～

S3 是接收方复制码的 3 个码的相关状态[4]。

　　如图 3-3 所示，现有的欺骗策略主要分为 4 类：转发式欺骗攻击[3,5-11]、生成式欺骗攻击[12-17]、估计类欺骗攻击[11,18-19]和高级欺骗攻击[6,20]。每类欺骗攻击都可以再细分。不同欺骗策略的具体情况如表 3-1 所示。

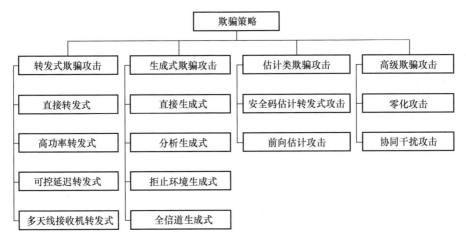

图 3-3　欺骗策略分类

表 3-1　不同欺骗策略的具体情况

类　型	实现难度	攻击效果	特　点
转发式	低	一般	对接收信号进行延迟转发，从而欺骗接收方。实现方式较为简单，若想利用该方法提升欺骗成功率，欺骗方需合理调整欺骗信号参数并辅助合适的欺骗环境
生成式	较低	较好	通过生成欺骗信号、调节信号相关参数，使接收方接收欺骗信号，并控制接收方的定位结果
估计类	较高	好	不仅可以对普通民用卫星信号产生影响，还可以对某些采用未知安全码的民用卫星信号实施欺骗，通过信号估计的手段对信息进行估计，再通过信号估计的结果生成卫星信号，以控制卫星信号接收方
高级欺骗攻击	高	好	对较复杂且采用了抗欺骗技术的接收方而言，不仅要采取多种欺骗策略，还要结合信号特征，设计更有效的欺骗信号格式，从而更加直接有效地欺骗接收方

　　表 3-1 中定义的实现难度主要由欺骗策略的硬件成本和技术成本决定。

一般来说，硬件和技术成本越高，实现难度越大。对于那些硬件成本较低而技术成本较高的欺骗策略，其实现难度主要基于技术成本。攻击效果，即欺骗方成功欺骗目标接收方的能力，分为差、一般、较好、好 4 个级别。这 4 个级别是相对的，差是指欺骗方无法欺骗目标接收方，一般是指目标接收方可以识别欺骗方的攻击方式，较好和好是指欺骗方可以使目标接收方被欺骗。对欺骗策略效果的评估主要基于欺骗策略的相关论文，通过分析这些论文中的相关实验信息，可以评估一些针对简单接收方的欺骗策略的欺骗性能。

3.2.2　转发式欺骗攻击

对于转发式欺骗攻击，欺骗方一般采用不同的干扰方式来辅助欺骗过程。欺骗策略的辅助干扰方法主要分为直接转发式[11]、高功率转发式[6-7]、可控延迟转发式[5,7-9]和多天线接收机转发式[3]，具体情况如表 3-2 所示。转发式欺骗攻击场景如图 3-4 所示。

表 3-2　不同转发式欺骗攻击的具体情况

类　型	实现难度	攻击效果	特　点
直接转发式	低	差	欺骗装置类似于信号转发器，可直接将接收信号转发，影响接收方。但是，由于欺骗效果较差，一般不会采用该方法
高功率转发式	较低	一般	人为地增大欺骗信号功率，诱骗接收方认为欺骗信号是真实卫星信号，而微弱的卫星信号是多径效应下的产物，从而欺骗接收方接收欺骗信号。该方法一般是和其他方法组合使用的，以提高欺骗成功率
可控延迟转发式	较低	一般	人为地添加一定的延迟，以影响扩频码的相位和接收方的正常捕获。该方法一般是和其他方法组合使用的，以提高欺骗成功率
多天线接收机转发式	高	较好	对多天线接收机而言，可以通过天线检测方向到达角。由于欺骗信号通过地面的发送方发射，因此各天线所测的方向角大致相同，这使欺骗信号容易被检测出来。多天线接收机需要多个欺骗源组合欺骗，同时结合以上欺骗策略，可提升欺骗效果

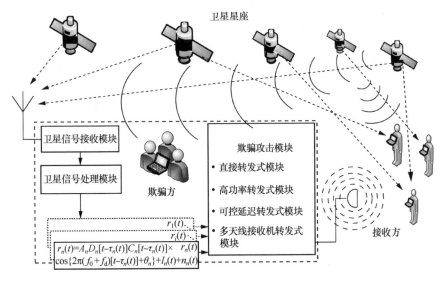

图 3-4　转发式欺骗攻击场景

到达接收方的卫星信号存在传播延迟。转发式欺骗攻击是基于信号固有的传播延迟人为地进行重放，或者加入一定的延迟来实施欺骗攻击。这里假设接收方接收到的是正常卫星信号（表达式见图 3-4）。其中，A_n 表示卫星信号的幅度；$D_n(t)$ 表示卫星信号的导航电文；$C_n(t)$ 表示卫星信号的测距码；$\tau_n(t)$ 表示信号的传播延迟；f_0 和 f_d 分别表示卫星信号的标准载波频率和多普勒频率；θ_n 表示子载波相位；$I_n(t)$ 表示接收到的卫星信号的可能干扰；$n_n(t)$ 表示噪声。

黄龙等人[21]使用信号源来模拟转发式欺骗攻击。通过研究高功率重放干扰，该团队发现在其规定的实验环境中，当转发的欺骗信号功率比真实卫星导航信号功率高 4 dB 时，可以破坏目标接收方对真实卫星信号的接收，而改为跟踪欺骗信号。高志刚等人[6]通过实验进一步发现，如果转发信号的信号干扰比大于 14 dB，则可以在 4 s 内完成欺骗。黄龙等人[7]还研究了选择性延迟重放干扰。通过仿真，他们发现这种干扰对定时接收方有很强的攻击作用，而且这种干扰较难被接收方检测到。史密等人[9]使用遗传算法来优化欺骗过程中各个点的信号延迟，不仅提高了信号的隐蔽性，而且方法的复杂度

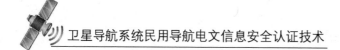

也低于逐点方法。当接收方使用载波测距法而不是导航电文测距法进行定位时，Bian 等人[10]验证了欺骗甚至会影响接收方位置、速度和时间的测量。

复杂的接收方不仅有多个天线来接收和测量信号，而且还要与其他导航系统进行数据融合分析，以抵抗欺骗攻击。对于这样的接收方，如果欺骗方只使用转发式欺骗攻击，则需要结合延迟调整和功率调整方案来实现多欺骗源的欺骗攻击[1]。此外，欺骗方设计的欺骗策略也是有选择性的。王上月等人[8]认为，如果欺骗方长时间缓慢调整欺骗信号定位效果，欺骗策略不仅会欺骗卫星导航系统，还会影响惯性导航系统的一些参数及其正常校准系统。

综上所述，虽然转发式欺骗攻击的实现过程比较简单，但是如果想要达到良好的欺骗效果，就需要适当调整欺骗信号的相关参数，以提高欺骗成功率。转发式欺骗攻击过程中的一些辅助干扰方法可同时应用于其他欺骗过程，从而便于欺骗的实现。

3.2.3　生成式欺骗攻击

相较于转发式欺骗攻击，生成式欺骗攻击更复杂，并且对大多数接收方有较大的影响。伪造类欺骗攻击主要分为直接生成式[13]、分析生成式[14-15]、拒止环境生成式[16]和全信道生成式[17]。

生成式欺骗攻击的简单信号生成模型由卫星信号接收模块、欺骗信号生成模块和欺骗信号发射模块组成。下面分别介绍这 3 个模块，并说明生成式欺骗攻击的分类标准。生成式欺骗攻击示意图如图 3-5 所示。

在卫星信号接收模块中，欺骗方通过天线接收到真实卫星信号，然后通过射频前端将信号发送到欺骗信号生成模块的接收方。此外，接收方实时监控欺骗目标，获取欺骗目标的位置和速度。

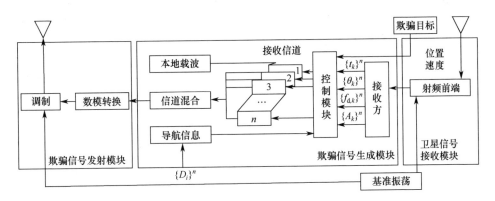

图 3-5　生成式欺骗攻击示意图

在欺骗信号生成模块中，有两种情况。在一种情况下，接收方直接生成卫星信号，这就是直接生成式，这种卫星信号往往会偏离真实卫星导航信号。在另一种情况下，为了产生与真实卫星信号相似的信号，欺骗方需要对接收到的信号进行频率转换，将其解调后得到基带信号，通过对得到真实卫星信号的相关参数进行分析，生成欺骗信号，这就是分析生成式。如图 3-5 所示，接收方通过对基带信号进行处理，计算得到 4 个参数。其中，$\{t_k\}^n$ 为接收信道 1~n 中 k_{th} 个 C/A 码周期的估计初始矩；$\{\theta_k\}^n$ 为接收信道 1~n 中在 $\{t_k\}^n$ 处的估计载波相位；$\{f_{d,k}\}^n$ 为接收信道 1~n 中在 $\{t_k\}^n$ 处的多普勒频率；$\{A_k\}^n$ 为接收信道 1~n 中在 $\{t_k\}^n$ 处的信号幅度。欺骗方为了提高欺骗成功率，往往会增大欺骗信号的幅度，这就是拒止环境生成式。接收方将计算出的参数输入控制模块，具体欺骗过程如图 3-2 所示。控制模块输出的欺骗信号可以与欺骗目标接收方的整个捕获和跟踪回路完全同步。在总共 n 个接收信道中，每个信道产生的信号都与卫星信号接收模块跟踪的信号对应的信道参数相同，从而可以实现全信道生成式欺骗攻击。

不同生成式欺骗攻击的具体情况如表 3-3 所示。另外，在生成式欺骗攻击中也可以应用 3.2 节中提到的高功率转发式和可控延迟转发式欺骗攻击。

表 3-3　不同生成式欺骗攻击的具体情况

类　　型	实现难度	攻击效果	特　　点
直接生成式	一般	一般	通过各种卫星导航接口文件,利用 FPGA、DSP、软件直接生成卫星信号,但是这种卫星信号与现有传播的卫星信号的相位差等相关参数不匹配,不容易被目标接收方接收
分析生成式	较高	较好	接收方对接收的卫星信号进行参数分析,将得到的参数应用到即将发射的欺骗信号上,从而提升欺骗成功率
拒止环境生成式	一般	一般	为了提升欺骗成功率,欺骗方会对目标接收方发送大规模干扰,迫使其阻塞,丧失当前的跟踪精度。在这种情况下发送欺骗信号,会更容易被目标接收方接收,从而达到欺骗的目的
全信道生成式	高	好	对所有已知信道(或目标接收方能收到的信道)进行全方位欺骗,这意味着同时对多路卫星信号进行欺骗攻击。在这种情况下,欺骗方可以更加准确地控制目标接收方的定位结果。同时,因为全信道卫星信号被欺骗,简单的抗欺骗方法都会失效

对于直接生成式欺骗攻击,最早可以追溯到 Scott 的实验[5]。该实验采用 Spirent 公司的 GSS8000 在 GNSS 模拟器上配置相应的功率放大器及发射天线,制成一个简易的信号欺骗装置。这种欺骗装置发出的信号缺乏真实卫星导航信号的相关参数,目标接收方即使失锁或重捕获,也会对这种欺骗信号警觉。同时,因为相位信息错误,所以目标接收方可以直接检测出这种错误信号并将其遗弃。对于分析生成式欺骗攻击,最具代表性的是 Humphreys 等人[13]研制的 GNSS 欺骗源。该欺骗源可以结合所接收的卫星信号生成高隐蔽性的欺骗信号,这种信号已经被证明可对无人机产生实时欺骗。与此同时,戴博文等人[14]证明,这种欺骗信号无论对静态位置还是对动态位置都是有效的,而且性能稳定。

因此,在生成式欺骗攻击中,分析生成式成为较普遍的形式。但是,有时为了尽可能快地欺骗目标接收方,一般会采用调整信号功率、调整信号延迟和营造拒止环境这 3 种欺骗策略。何亮等人[15]发现,当欺骗信号相关峰与真实卫星信号相关峰对准后,只要增大信号功率,欺骗信号就可以控制目标接收方,但是功率不能太大,功率增速也不能太快,以免被目标接收方发现异常。除此之外，营造拒止环境也是一种常用的欺骗策略，其主要是在接收方正常接收过程中加入大功率信号，造成接收方阻塞，这种环境被称为拒止环境。这时再对目标接收方添加欺骗信号，欺骗成功率会提高很多。史密等人[16]将宽带高斯白噪声作为阻塞信号来营造拒止环境，通过搭建仿真环境发现，拒止环境不仅可以提高欺骗成功率，还可以降低目标接收方对正常信号的捕获率。对于拒止环境中相关工程参数的选择，仍需要进一步研究。王海洋等人[22]通过 GPS 信号源模拟了欺骗过程，经过实验发现，在拒止环境中可以更好地掩盖真实卫星信号，凸显欺骗信号，从而实现欺骗。

由于目标接收方所能接收的卫星信号有很多，因此为了更好地实现欺骗，需要对多路信号全部进行欺骗处理，这个过程就是所谓的全信道生成式欺骗。在全信道生成式的过程中，接收方不能无限地增大欺骗信号功率，而是将各路卫星信号进行功率调节控制。黄森等人[17]利用遗传因子算法研制了一套功率控制算法。仿真实验表明，在噪声抬升不超过 10 dB 的情况下，多路欺骗信号的相对捕获率提升了 50%，同时欺骗信号的隐蔽性也得到了增强。

Xie 等人[12]也提出了生成式欺骗干扰的几点关键技术。首先，因为扩频码的时间精度较高，所以若想完成欺骗，则必须对欺骗信号的同步相位进行精确控制。其次，因为导航电文中包含信号完整性、电离层等的多种参数，所以欺骗方必须生成合理的欺骗信号，以免目标接收方产生警觉。再次，因为导航电文的播发时间间隔较短，所以欺骗方也要按照 ICD 要求实时播发欺骗信号，从而持续地欺骗目标接收方。最后，欺骗方要实时监控并生成合适的导航电文，从而达到预定目标。此外，马克等人[23]认为，在欺骗的过程中，要注意避免 RAIM 的告警机制，从而完成欺骗过程。

总之，生成式欺骗攻击的欺骗效果较好且相对容易操作，但是在欺骗过程中要实时注意欺骗信号的功率及相位的大小，以免被目标接收方察觉。同时，对于拒止环境生成式欺骗攻击，不应在同一时间段内多次发送大功率阻塞信号，以避免被目标接收方认为是压制式干扰，从而引起警惕并采取对抗策略。

3.2.4　估计类欺骗攻击

对于一些使用了抗欺骗技术的导航电文，如在导航电文中添加未知的安全码来提升导航电文的安全性，单纯的生成式欺骗攻击已经不起作用，因为欺骗方无法知道其中的安全码，从而无法读取并生成能被目标接收方认可的导航电文。这时就要对接收到的导航信号进行估计，然后通过估计的结果来判断导航电文的内容，并基于此进行欺骗攻击。目前，估计类欺骗攻击主要有两种：安全码估计转发式攻击（Security Code Estimation and Replay Attack，SCERA）和前向估计攻击（Forward Estimation Attack，FEA），具体如表 3-4 所示。

表 3-4　估计类欺骗攻击

名　　称	实现难度	攻击效果	特　　点
SCERA	较高	较好	在每比特信息统计都独立的前提下，通过对接收信号进行估计，生成估计的导航电文内容或安全码。基于这些估计信息重新生成伪导航信息，再添加合适的延迟后，发送给目标接收方进行攻击
FEA	较高	较好	在目标接收方不会对解码前的电文检查的前提下，利用导航电文内部存在的关联性及冗余性，对导航电文进行估计伪造。在这种情况下，欺骗方在伪造前掌握的先验导航电文越多，则欺骗成功率越高

SCERA 最开始是由 Humphreys[11]提出的一种实现难度较高的欺骗攻击。欺骗方如果想要发动这种攻击，就必须对导航电文、导航信号及信号估计方法等多方面进行研究。对 SCERA 而言，关键是对安全码的准确估计及人为添加延迟的准确控制。尤其是在安全码过长的时候，这两点更重要。对于现有的 SCERA 的抗欺骗方法，主要是从信号概率分析的角度构造概率判决函数，同时结合信号功率、延迟、信息完整性等方面的检测。不过，由于这种欺骗攻击的难度较大，一般不会被采用。

FEA 是近些年提出的一种预先估计的欺骗攻击方法[19]。由于大部分接收方不会对解码前的电文进行检查，因此欺骗方可以结合先验信息生成导航电文来欺骗目标接收方。这里的导航电文一般是带有认证功能的导航电文。通过导航电文的内在关联性，欺骗方获取的导航电文越多，则其估计得到的伪造导航电文越准确。欺骗方甚至可以在真实信号发送之前就发送伪造信号进行欺骗，而不像 SCERA，必须获得真实卫星信号并估计之后才可以进行欺骗。Curran 等人[19]对 FEA 进行了仿真实验，攻击对象是带有 NMA 的 Galileo 信号。实验结果表明，在 FEA 中，NMA 不能实现认证的功能。如果在导航电文中添加抗转发式欺骗攻击的信息，就意味着每条导航信息的部分内容都不一样，从而使未来导航电文难以被准确估计，这在一定程度上是可以抵抗 FEA 的。

以上两种欺骗攻击都是在信号估计的基础上完成的。由于这两种欺骗攻击难度较大，一般不被采用。如果未来采用一些基于密码的抗欺骗方法，则会对这两种欺骗攻击产生一定影响。因此，在设计基于密码的抗欺骗方法（尤其是 NMA 方法）时，需要考虑这两种欺骗攻击。

3.2.5　高级欺骗攻击

除以上几类欺骗攻击外，近些年研究者还提出一些其他欺骗攻击方法，包括零化攻击[3]、协同干扰攻击[20]等。零化攻击示意图如图 3-6 所示。

零化攻击的信号由两部分组成：零化信号 1 和零化信号 2。零化信号是一种欺骗信号，它通过篡改接收到的真实卫星信号来改变目标接收方的定位和时间，达到欺骗的目的。由图 3-6 可以看出，零化信号 1 的欺骗信号 $D_{S_1}(t)$ 与真实卫星信号的 $D(t)$ 不同，但测距码和载波与真实卫星信号的相同 [$C(t) = C_{S_1}(t)$，TC=SC$_1$]；零化信号 2 的欺骗信号 $D_{S_2}(t)$ 和测距码 $C_{S_2}(t)$ 与真实卫星信号的相同，但载波相位相差π。零化信号 1 的作用是消除目标接收方接收到的真实卫星信号。零化信号 2 的作用是使目标接收方不捕获真实卫星信号，只捕获零化信号 1，最终达到欺骗的目的。

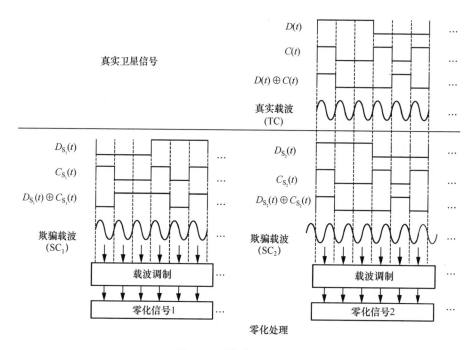

图 3-6　零化攻击示意图

不同高级欺骗攻击的具体情况如表 3-5 所示。

表 3-5　不同高级欺骗攻击的具体情况

名　　称	实现难度	攻击效果	特　　点
零化攻击	大	较好	欺骗方发送功率、延迟与真实卫星信号相同，但载波相位相反的信号。目标接收接收到这种信号后，会与真实卫星信号抵消，从而失去真实卫星信号残余信号的参数，抗欺骗性能随之降低
协同干扰攻击	极大	好	由多个欺骗方同时操作，利用上述欺骗策略，按照一定的欺骗方法协同欺骗。一些目标接收方即使采用复杂的抗欺骗方法，也不能保证信息完整可靠

零化攻击是近些年提出的一种欺骗方法，旨在提升欺骗成功率。其实现难度大，至今也只是一种理论上的干扰手段，并没有进入实践。协同干扰攻击旨在影响接收方的正常工作，如 RAIM 接收方。Ledvina 等人[20]曾实现了协同干扰攻击，将欺骗的精度达到了三维亚厘米级，并且可以对抗复杂的抗

欺骗方法，如基于估计到达角的抗欺骗方法。但是，这种欺骗攻击的实现难度极大，并且对周围环境也有较高要求。

高级欺骗攻击虽然大多停留在理论阶段，但是随着硬件及计算机技术的不断发展，未来有可能转化为现实，因此在设计抗欺骗方法时，需要对这类欺骗攻击进行考虑。

3.3　小结

本章首先介绍了 BDS 面临的威胁模型，分析了真实卫星信号和欺骗信号的不同特点；然后介绍了欺骗攻击的实现原理和具体过程，并比较了转发式欺骗攻击、生成式欺骗攻击、估计类欺骗攻击和高级欺骗攻击的实现难度和攻击效果等；最后详尽地分析了这 4 类欺骗攻击的分类和具体差别。

本章参考文献

[1] WU Z J, LIU R S, CAO H J. ECDSA-based message authentication scheme for BeiDou-Ⅱ navigation satellite system[J]. IEEE Transactions on Aerospace and Electronic Systems, 2019, 55(4): 1666-1682.

[2] WU Z J, ZHANG Y, LIU R S. BD-Ⅱ NMA&SSI: an scheme of anti-spoofing and open BeiDou-Ⅱ D2 navigation message authentication[J]. IEEE Access, 2020(8): 23759-23775.

[3] PSIAKI M L, HUMPHREYS T E. GNSS spoofing and detection[J]. Proceedings of the IEEE, 2016, 104(6): 1258-1270.

[4] ZIDAN J, ADEGOKE E I, KAMPERT E, et al. GNSS vulnerabilities and existing solutions: a review of the literature[J]. IEEE Access, 2021(9): 153960-153976.

[5] SCOTT L. Anti-spoofing & authenticated signal architectures for civil navigation systems[C]//Proceedings of the International Technical Meeting of the Satellite Division of the Institute of Navigation. Piscataway: IEEE Press, 2003: 1543-1552.

[6] 高志刚, 孟繁智. GPS 转发式欺骗干扰原理与仿真研究[J]. 遥测遥控, 2011, 32(6): 44-47.

[7]　黄龙, 龚航, 朱祥维, 等. 针对 GNSS 授时接收方的转发式欺骗干扰技术研究[J]. 国防科技大学学报, 2013, 35(4): 93-96.

[8]　王上月, 高敬鹏, 王悦, 等. 基于时延控制的 GPS 转发欺骗干扰技术[J]. 导弹与航天运载技术, 2017(2): 103-106.

[9]　史密, 陈树新, 刘卓崴. GPS 转发式欺骗时延分析与优化[J]. 重庆邮电大学学报, 自然科学版, 2017, 29(1): 56-61.

[10]　BIAN S F, HU Y F, CHEN C, et al. Research on GNSS repeater spoofing technique for fake position, fake time & fake velocity[C]//Proceedings of IEEE International Conference on Advanced Intelligent Mechatronics. Piscataway: IEEE Press, 2017: 1430-1434.

[11]　HUMPHREYS T E. Detection strategy for cryptographic GNSS anti-spoofing[J]. IEEE Transactions on Aerospace and Electronic Systems, 2013, 49(2): 1073-1090.

[12]　XIE X G, LU M Q, ZENG D Z. Research on GNSS generating spoofing jamming technology[C]//Proceedings of IET International Radar Conference. Piscataway: IEEE Press, 2015: 1-5.

[13]　HUMPHREYS T E, LEDVINA B M, TECH V, et al. Assessing the spoofing threat[J]. GPS World, 2009, 20(1): 28-38.

[14]　戴博文, 肖明波, 黄苏南. 无人机 GPS 欺骗干扰方法及诱导模型的研究[J]. 通信技术, 2017, 50(3): 496-501.

[15]　何亮, 李炜, 郭承军. 生成式欺骗干扰研究[J]. 计算机应用研究, 2016, 33(8): 2405-2408.

[16]　史密, 陈树新, 吴昊, 等. 拒止环境实现注入的 GPS 欺骗干扰[J]. 空军工程大学学报, 自然科学版, 2015, 16(6): 27-31.

[17]　黄森, 陈树新, 杨宾峰, 等. 多路 GNSS 欺骗信号功率控制策略[J]. 空军工程大学学报, 自然科学版, 2017, 18(1): 76-80.

[18]　WESSON K, ROTHLISBERGER M, HUMPHREYS T. Practical cryptographic civil GPS signal authentication[J]. Navigation, 2012, 59(3): 177-193.

[19]　CURRAN J T, DRISCOLL C O. Message authentication, channel coding & anti-spoofing[C]//Proceedings of the International Technical Meeting of the Satellite Division of the Institute of Navigation. Piscataway: IEEE Press, 2016: 2948-2959.

[20]　LEDVINA B M, BENCZE W J, GALUSHA B, et al. An in-line anti-spoofing device for legacy civil GPS receivers[C]//Proceedings of the International Technical Meeting of the Institute of Navigation. Piscataway: IEEE Press, 2010: 698-712.

[21] 黄龙, 吕志成, 王飞雪. 针对卫星导航接收方的欺骗干扰研究[J]. 宇航学报, 2012, 33(7): 884-890.

[22] 王海洋, 姚志成, 范志良, 等. 对 GPS 接收方的欺骗式干扰试验研究[J]. 火力与指挥控制, 2016, 41(7): 184-187.

[23] 马克, 孙迅, 聂裕平. GPS 生成式欺骗干扰关键技术[J]. 航天电子对抗, 2014, 30(6): 24-26, 34.

第 4 章
基于 ECDSA 的北斗二代民用导航
电文信息认证方法

GNSS 是一个开放的系统，其民用信号的接收和传输均未认证和加密，存在一定的安全隐患，面临欺骗攻击的威胁。本章以 BDS 为例，在分析民用卫星导航信号安全隐患和系统漏洞的基础上，提出了基于数字签名的北斗二代 CNAV 的安全认证方案。该方案采用 ECDSA，在 CNAV 的保留位中插入数字签名，用于验证导航数据的真实性和完整性，避免实体伪装和数据欺骗攻击。

4.1 北斗二代民用导航电文信息认证方案

在分析导航系统安全隐患的基础上，针对北斗二代导航系统民用信号抗欺骗问题，本节提出了一种安全方案，称为北斗二代民用导航电文信息认证方案（以下简称 BD-NMA 方案）。在 BD-NMA 方案中，为了提高民用导航系统抵抗欺骗攻击的能力，应用 ECDSA 对导航数据的真实性和完整性进行了验证。

4.1.1 BD-NMA 方案的整体架构

BD-NMA 方案的整体架构[1]如图 4-1 所示。

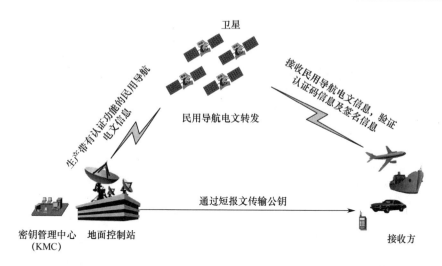

图 4-1　BD-NMA 方案的整体架构

BD-NMA 方案架构由 4 个要素组成，即 KMC、地面控制站、卫星和接收方，详细说明如下。

1. 密钥管理中心

KMC 和地面控制站旨在协同工作。KMC 负责生成、分发、存储和更新数字签名所需的公钥和私钥，通过短报文或数字证书将公钥分配给每个接收方。私钥必须由 KMC 保管，只能由地面控制站使用，并且需要定期更新。密钥生成和密钥更新的安全性对 BD-NMA 方案至关重要，这两个过程需要地面控制站和 KMC 的协作。当地面控制站担心私钥泄露时，将执行重新输入密钥的过程。在 BD-NMA 方案中，密钥更新将在不更改地面控制站和 KMC 硬件的情况下进行，且仅用于更新其内部程序。

2. 地面控制站

地面控制站通过私钥生成关键数据的数字签名，并将签名插入保留位，然后将带有签名的整个 CNAV 发送到广播信号的卫星。

3. 卫星

卫星发送带有签名的 CNAV。

4. 接收方

接收方使用公钥验证签名。

在 BD-NMA 方案中，KMC 和地面控制站应该放在同一个位置。一方面，这种安排可以简化管理；另一方面，如果发生紧急情况，密钥管理中心和地面控制站就可以同时工作，从而节省时间。KMC 对公钥和相应的私钥进行分区和等级控制（每个密钥对都有自己的证书及其时间限制）[2]，然后将这些密钥对发送到通过高强度加密算法加密的地面控制站。如果欺骗方窃取了密钥的密文，则解密所花费的时间将比限制的时间长得多。因此，KMC 可以保证密钥的安全性。

BD-NMA 方案不会修改导航信息的结构。此外，即使欺骗方以比经认证的信号更大的功率发送修改后的卫星信号，但是由于签名错误，接收方也可以删除伪造信号。为了简化计算并缩短验证时间，签名仅包含基本导航数据摘要的密文（子帧 1～3 中的信息），而不包含整个导航信息。

4.1.2　BD-NMA 方案的性能要求

BD-NMA 方案在安全性和兼容性方面满足 GNSS 相关标准的要求。安全性意味着欺骗方无法轻易伪造签名；兼容性意味着此签名可以与当前导航信号兼容，而不会过度影响导航信号的可扩展性。

在性能分析方面评估 BD-NMA 方案有两个关键因素，即认证时间和检测概率，具体介绍如下。

1. 认证时间

在 BD-NMA 方案中，当接收方第一次接收到签名时，就立即对其进行验证。当接收方接收到 D1 民用导航电文（D1 Civil Navigation Message，CNAV D1）或 D2 民用导航电文（D2 Civil Navigation Message，CNAV D2）时，前 11 位是子帧同步码序列。在实际情况中，接收方在 CNAV D1 中接收子帧同步码序列需要花费 220 ms，在 CNAV D2 中接收子帧同步码序列则需要花费 22 ms。这些子帧同步码序列在 CNAV D1 和 CNAV D2 中是相同的，且没有包含仅用于时间同步的信息。签名验证过程需要在接收到所有 11 位子帧同步码序列之前完成。

2. 检测概率

实验结果表明，如果密文正确，则认证成功率很高，认证错误率接近零。但是，在接收方接收导航信号的过程中，噪声会极大地影响接收到的 CNAV 的准确性。在这种情况下，即使没有欺骗信号，验证也始终不会成功。因此，NMA 数据解调成功率将极大地影响检测概率。为了保证检测概率为 100%，需要评估信号传输过程中噪声的最大功率。

4.2　数字签名算法的选择与具体实现

BD-NMA 方案需要满足 3 个要求：第一，为了将签名插入有限的保留位，签名不能太长；第二，签名算法不能太复杂，并且计算速度应足够快，以便实时执行；第三，标准化和安全性是签名算法的两个因素[3-5]。标准化意味着该方案可以满足北斗系统的相应标准，而不会影响北斗系统的基本性能；安全性意味着签名不能被欺骗方篡改，如果签名验证成功，则可以保证导航信号的真实性。

4.2.1　数字签名的选择

基于以上需求的分析，将 ECDSA 指定为 BD-NMA 方案中的数字签名算法（Digital Signature Algorithm，DSA）。

ECDSA 被视为使用椭圆曲线基于离散对数问题（Discrete Logarithm Problem，DLP）的可用密码系统的仿真。群组元素是素数场中的多个元素转换为有限域中的椭圆曲线的点。ECDSA 提供了多种使用椭圆曲线密码

（Elliptic Curve Cryptography，ECC）技术的 DSA。由于没有已知的用于椭圆曲线离散对数问题（Elliptic Curve Discrete Logarithm Problem，ECDLP）的通用次指数算法，因此 ECC 系统的密钥比其他公开密钥（如 RSA）系统的密钥短。因此，ECC 系统的单位比特强度高于其他公开密钥系统[5,6]。在使用较短密钥的情况下，ECC 系统可以达到与 DLP 系统相同的安全级别。此外，ECDSA 具有较小的域参数和较短的密钥。与传统的 RSA 和 DSA 相比，ECDSA 产生的签名较短，计算速度更快[7]。ECDSA 中签名的位数约等于以位数衡量的安全级别的 4 倍[8]。ECDSA 特别适用于要求高安全性和实时性，对处理能力、存储空间、带宽和功耗有严格限制的卫星导航系统。

4.2.2 签名生成和验证的过程

在 BD-NMA 方案中，A 表示北斗二代地面控制站，B 表示接收方，M 表示 CNAV。ECDSA[5]的一般过程介绍如下。

1. 域参数的确定和密钥对的生成

ECDSA 域参数包括一个合适的椭圆曲线和椭圆曲线的基点 G。其中，域参数确定为 $D=(p, q, \mathrm{FR}, a, b, G, n, h)$，密钥对创建为 $\{d, Q\}$。参数及其解释如表 4-1 所示。

表 4-1　参数及其解释

参　数	解　释	参　数	解　释
D	域参数	h	整数，表示辅助因子
p	一个质数，表示域的特征	d	一个随机整数，表示私钥
q	属于域的子组的顺序	Q	公钥
FR	有限域	(x_1, y_1)	椭圆曲线上任意点的坐标
a, b	椭圆曲线方程的参数	r	签名
G	椭圆曲线的基点	SHA	哈希算法
n	基点的顺序		

2. 公钥检查

如果椭圆曲线参数为 $(q, \mathrm{FR}, a, b, G, n, h)$，则可以通过以下步骤检查公钥

$Q = (x_Q, y_Q)$。

（1）验证 $Q \neq O$。

（2）验证 $Q \in \mathrm{FR}$。

（3）验证 $y_Q^2 = x_Q^3 + ax_Q + b \bmod p$。

（4）验证 nQ=O。

如果可以通过以上 4 个步骤验证公钥 Q，则公钥是正确的。

3. 签名

A 使用私钥对 M 进行签名，过程如下。

（1）生成随机或伪随机数 k，$1 \leqslant k \leqslant n-1$。

（2）计算 $kG = (x_1, y_1)$。

（3）计算 $r = x_1 \bmod n$，如果 $r = 0$，返回步骤（1）。

（4）计算 $k^{-1} \bmod n$。

（5）计算 $e = \mathrm{SHA\text{-}256(M)}$。

（6）计算 $s = k^{-1}(e + dr) \bmod n$，如果 $s = 0$，返回步骤（1）。

（7）生成 M 的签名(r, s)。

其中，$kG = (x_1, y_1)$表示计算公钥。

4. 验证

M 的签名由 B 验证。如果要执行验证操作，则 B 需要知道 A 的公钥和公共参数。ECDSA 签名验证的过程如下[9-10]。

（1）验证 r 和 s 是否为[1, $n-1$]中的整型，如果不是，则签名是无效的。

（2）计算 $e = \mathrm{SHA\text{-}256(M)}$。

（3）计算 $\omega = s^{-1} \bmod n$。

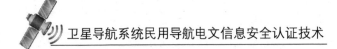

（4）计算 $u_1 = e\omega \bmod n$，$u_2 = r\omega \bmod n$。

（5）计算 $X = u_1 G + u_2 Q$。

（6）如果 $X = 0$，签名是无效的；否则，x_1 是 X 的 x 坐标，$v = vx_1 \bmod n$。

（7）如果 $v = r$，则签名是有效的。

如果 M 的签名 (r,s) 是由 A 生成的，则存在 $s = k^{-1}(e+dr)\bmod n$。经过简单的操作，可以得到 $K = s^{-1}(e+dr) = s^{-1}e + s^{-1}rd = \omega e + \omega rd = u_1 + u_2 d \bmod n$。因此，可以得到 $X = u_1 G + u_2 Q = (u_1 + u_2 d)G = KG$。此处，$v = x_1 \bmod n$。当 $v = r$ 时，签名被接收，这意味着来自 A 的 M 没有被篡改[5-6]。

4.2.3 安全分析

数字签名是一种具有强大验证能力的技术。SHA-256 算法可用于签名的生成。在该算法中，只要有 1 位数据有差异，哈希值就有很大的差异。因此，只要篡改 1 位数据，签名验证就会失败。如果卫星信息被欺骗方截获并用于发送虚假信号，则具有公开密钥的接收方将由于签名验证失败而拒绝欺骗方与接收方之间的通信。此外，只有地面控制站有权使用私钥。欺骗方获得的私钥几乎不可能伪造签名。BD-NMA 方案设计了验证 CNAV 的真实性和完整性的功能。

ECDSA 是一种具有较短签名长度和较高安全性的算法。实验结果分析表明，160 bit ECDSA 签名的安全性等同于 1 024 bit RSA 签名，如表 4-2 所示[11]。

表 4-2 ECDSA 和 RSA 的签名长度和安全性比较

签名长度/bit		每秒百万指令数
ECDSA	RSA	
128	704	10^8
160	1 024	10^{12}
320	5 120	10^{36}
600	21 000	10^{78}
1 200	120 000	10^{168}

表 4-2 表明，ECDSA 比 RSA 更适合 BD-NMA 方案。

4.2.4　数字签名实现模型的具体实现

根据 CNAV 中的帧结构和保留位的数量，需要合理设计导航信息中的签名长度和存储模型，以满足认证需求。由于传输速率和结构不同，导航信息被格式化为 CNAV D1 和 CNAV D2。

CNAV D1 的帧结构包括超帧、主帧和子帧。每个超帧都由 24 个具有 36 000 bit 的主帧组成，持续 12 min。每个主帧都由 5 个具有 1 500 bit 的子帧组成，持续 30 s。每个子帧都由 10 个字共 300 bit 组成，持续 6 s。CNAV D1 中各子帧的保留位分配如图 4-2 所示。

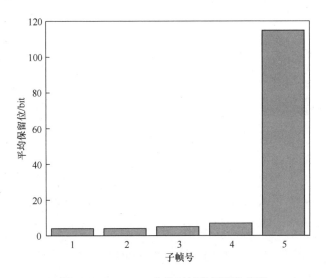

图 4-2　CNAV D1 中各子帧的保留位分配

从图 4-2 可以看出，只有子帧 5 有足够的保留位用于在 CNAV D1 中插入数字签名。

CNAV D2 的帧结构同样也包括超帧、主帧和子帧。每个超帧都由 120 个具有 180 000 bit 的主帧组成，持续 6 min。每个主帧都由 5 个具有 1 500 bit 的子帧组成，持续 3 s。每个子帧都由 10 个字共 300 bit 组成，持续 0.6 s。

CNAV D2 中各子帧的保留位分配如图 4-3 所示。

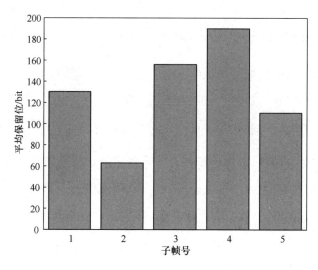

图 4-3 CNAV D2 中各子帧的保留位分配

从图 4-2 和图 4-3 可以看出，CNAV D2 中各子帧的保留位总数远大于 CNAV D1 中各子帧的保留位总数。此外，CNAV D2 具有比 CNAV D1 更快的发送速率。如果在 CNAV D1 中可以实现签名，那么在 CNAV D2 中实现签名要容易得多。因此，接下来的内容将重点放在将签名插入 CNAV D1。

CNAV D1 的速率为 50 bit/s。它包含卫星的基本导航信息（周内秒计数、整周计数等）、所有卫星的历书和来自其他系统的时间同步信息。传输整个 CNAV D1 需要 12 min[9]。中地球轨道（Medium Earth Orbit，MEO）/倾斜地球同步轨道（Inclined Geo-Synchronous Orbit，IGSO）卫星可以广播 CNAV D1[9]。CNAV D2 的速率为 500 bit/s。它包含基本的导航和增强服务信息，即北斗系统完整性、差分和电离层网格信息。地球静止轨道（Geostationary Earth Orbit，GEO）卫星可以广播 CNAV D2[9]。由于 CNAV D1 和 CNAV D2 的格式和载频不同[9]，因此接收方可以轻松地区分它们。

通常，接收方只能使用基本导航数据来计算位置坐标。子帧 1～3 中为基本导航信息，子帧 4、5 中的信息被广播 24 次。所有页面的子帧 4 和页面

1～10 的子帧 5 用于广播历书和来自其他系统的时间偏移。页面 11～24 的子帧 5 的结构如图 4-4 所示[9]。页面 11～24 中共包含 178 个子帧 5 的保留位。如果长度小于 178 bit（22 B），则这种签名太短而无法实现。因此，将一个签名的长度（约 40 B）设计为两部分，并存储在两页的子帧 5 中。为了使认证的时间最短，最好在子帧 5 的保留位中设置两次签名。

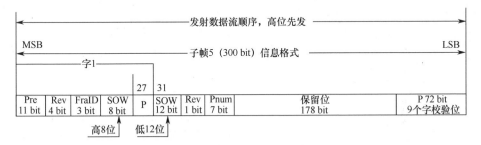

图 4-4　页面 11～24 的子帧 5 的结构

图 4-5 所示为 CNAV D1 中子帧 5 各页面的保留位分配。

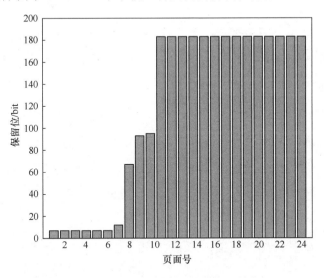

图 4-5　CNAV D1 中子帧 5 各页面的保留位分配

图 4-5 表示在页面 1～10 中只有有限的保留位用于插入一定长度的签名。因此，在前 12 个主帧中，需要在页面 11 和 12 的子帧 5 中设计签名；在后 12 个主帧中，在页面 23 和 24 的子帧 5 中设计签名。这两个签名本质上是

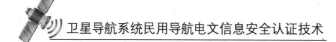

相同的，设计两个相同签名是为了缩短身份验证时间。如果仅在子帧 11 和 12 的页面中插入签名，则根据子帧的固定传输规则可以得出结论，认证周期为 12 min。通过将两个相同的签名分别插入页面 11 和 12 及页面 23 和 24，可以将身份验证时间缩短到 6 min。

为了简化计算并节省认证时间，仅对子帧 1～3 的基本导航数据进行签名，而未考虑子帧 4 和 5 的历书数据。这种方式的优点是不影响定位，可以提高容错率，并且不会影响 CNAV D1 的可扩展性，签名比例小于 3.3%[2/(12×5)=1/30]。CNAV D1 中插入签名的方式如图 4-6 所示。

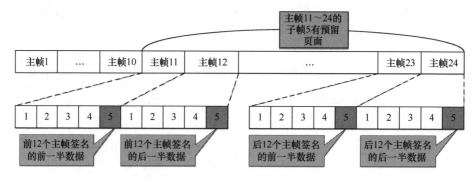

图 4-6　CNAV D1 中插入签名的方式

地面控制站利用私钥生成 CNAV D1 签名后，接收方会收到卫星发送的含有签名的 CNAV D1。接收方使用公开密钥解密签名以获得哈希值。将该值与接收的导航数据计算出的值进行比较，如果两者相等，则认证成功；否则，认证失败。CNAV D1 数字签名和认证的流程如图 4-7 所示。

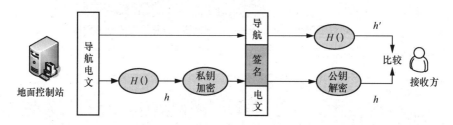

图 4-7　CNAV D1 数字签名和认证的流程

在图 4-7 中，$H(\ )$ 表示可以使用 SHA-256 算法或其他哈希算法的哈希函数，公钥和私钥是与 ECDSA 中特定曲线相对应的密钥对。

4.3　密钥交换

为了增强 BD-NMA 方案的安全性，可以在一段时间内更新公钥，此时间段是不确定的，由地面控制站决定。密钥交换方法是通过数字证书或短报文服务（Short Message Service，SMS）进行密钥传输。

4.3.1　通过数字证书进行密钥传输

BD-NMA 方案中的公钥可以从互联网上的数字证书中获得，该证书符合 X509 的标准。在 X509 中，证书包含版本号、证书序列号、有效性、公开密钥、发行者名称、专有名称等。证书序列号是公钥的相应 ID。证书过期后，接收方需要通过互联网更新证书。证书的有效性取决于地面控制站的关键管理部门。当接收方下载证书时，也可以通过 4.2 节介绍的算法检查公开密钥。公开密钥包含可以在当前卫星导航信息中验证签名的公开密钥。

4.3.2　通过 SMS 进行密钥传输

如果接收方附近没有互联网，接收方还可以通过 SMS 获取公开密钥。每个接收方都有预设的对称加密密钥 PKEY 和预设的公开密钥 PPUB。地面控制站具有相应的私钥 PPRI，由 PPRI 生成的签名可以由 PPUB 验证。接收方发送的信息由 PKEY 加密，并与附加的接收方 ID 一起发送。当地面控制站从接收方接收到信息时，地面控制站根据信息中包含的接收方 ID，从 PKEY 数据库中提取对应的 PKEY。解密后，地面控制站根据信息的内容进行响应，响应有 3 种，具体介绍如下。

1. 冷启动时的密钥传输

冷启动时，接收方将转存所有信息并进行重置，试图通过轮询锁定来自所有卫星信号，并且此过程会持续很长时间，需要用公钥来验证卫星信号中的签名。冷启动时的密钥传输过程如图4-8所示。

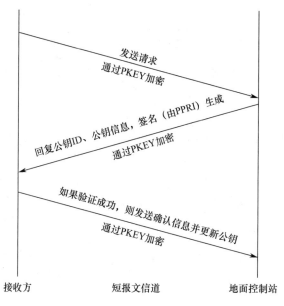

图 4-8　冷启动时的密钥传输过程

接收方向地面控制站发送附带接收方 ID 的请求，该请求由 PKEY 加密。地面控制站收到此请求后，首先对加密的信息进行解密，根据信息中的接收方 ID，访问存储库以获取相应的 PPRI，所获得的 PPRI 用于生成当前公钥及其 ID 的签名；然后通过 PKEY 将当前的公开密钥及其 ID 与其签名一起加密，并将密文发送给接收方；接收方获得密文后，将对其解密以恢复公钥并验证签名。公钥的合法性由算法检查，签名的有效性由 PPUB 验证。一旦检查和验证成功，接收方就向地面控制站发送确认信息并更新公钥；否则，接收方将放弃获得的公开密钥和签名，并再次向地面控制站发送请求。

2. 热启动或温启动时的密钥交换

热启动或温启动时的密钥交换过程如图 4-9 所示。

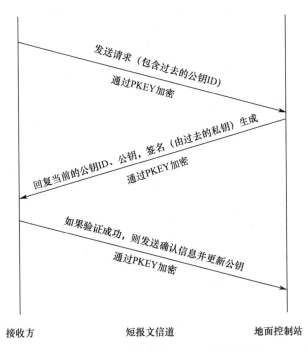

图 4-9　热启动或温启动时的密钥交换过程

当热启动或温启动开始时，接收方将接收 CNAV 并尝试验证其签名。如果验证成功，则接收方继续工作；如果验证失败，则接收方向地面控制站发送请求以获取当前的公钥。该请求包含过去的公钥 ID，该 ID 由 PKEY 加密。一旦地面控制站收到此请求，就会对请求中的加密信息进行解密，访问私钥数据库，并获取与过去的公钥 ID 相对应的私钥。获得的私钥用于生成当前公开密钥及其 ID 的签名。然后，通过 PKEY 将当前的公钥及其 ID 与其签名一起加密，并将密文发送到接收方。接收方获得密文后，将对其解密以恢复公钥并验证签名。公钥的合法性由算法检查，签名的有效性由过去的公钥验证。一旦检查和验证成功，接收方就向地面控制站发送确认信息并更新公钥；否则，接收方将放弃获得的公开密钥和签名，并再次向地面控制站发送请求。

3. 紧急情况下的密钥交换

在安全评估中，当地面控制站发现其私钥泄露时，需要立即更新公钥。同时，在第三方安全评估中，如果存在私钥泄露的可能性，则还需要更新公钥。此外，如果需要更新安全系统，则需要更新公钥。在这种情况下，地面控制站将发送一条包含新公钥的信息。该信息由专用密钥加密，该专用密钥用于生成当前 CNAV 的签名。这个新的公钥可以在 1 h 内使用。紧急情况下的密钥交换过程如图 4-10 所示。

图 4-10　紧急情况下的密钥交换

接收方如果未收到信息，则在 1 h 内向地面控制站发送请求。此过程类似于热启动时的密钥交换。在安全评估中，如果地面控制站在密码算法中发现安全漏洞，则接收方需要通过互联网下载新的密码算法。

4.3.3　重置

每个接收方都预先设置了 PKEY 的签名。该签名可以由 PPUB 验证。此外，还有 PPUB、PKEY 和 PKEY 的签名备份，这些备份已通过加密算法进行加密。这种加密算法不对公众开放，只有接收方制造商知道。使用这种加密算法的系统密钥由非对称密码算法加密，而接收方制造商则垄断私钥。地面控制站的密钥管理部门生成包含公开密钥的数字证书。在接收方进入冷启动模式、热启动模式或温启动模式之前，需要检查 PKEY 和 PPUB。如果可以通过 PPUB 成功验证签名，则接收方可以正常使用其预设密钥和签名；否则，需要加载信息以更新其预设密钥和签名。

1. 接收方重置过程

当接收方购买接收机时，需在互联网上注册个人账户。如果接收方想在接收机上重置其 PPUB、PKEY 及签名，则需要登录账户并连接到互联网。接收方重置过程如图 4-11 所示。

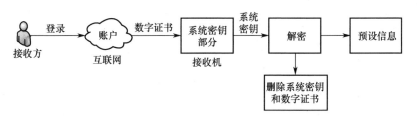

图 4-11　接收方重置过程

接收方下载由地面控制站的密钥管理部门生成的数字证书，主题名称是说明书中显示的接收方 ID。公钥在接收方的末尾解密密文，以获取系统密钥。备份的密文由系统密钥解密，获得正确的预设信息（PPUB、PKEY 和 PKEY 的签名），然后删除接收方的系统密钥和数字证书。

2. 系统重置过程

当需要更新密码算法时，接收方将收到短报文，并且会收到一封有关此信息的电子邮件。接收方需要登录其账户才能下载数字证书和配置文件，这些文件由系统密钥加密。系统重置过程如图 4-12 所示，接收方利用数字证书获得系统密钥。该密钥可以解密配置文件的密文。解密后，将使用配置文件进行更新。接收方的系统密钥和数字证书会被删除。

本小节提出了两种更新公钥的方法。一种是通过互联网，公钥可以受到证书的保护。另一种是通过短报文功能，所有 SMS 均已通过 PKEY 或当前私钥进行加密。这种方法可以确保欺骗方无法理解信息的真实含义。而且，接收方发送的信息种类繁多，欺骗方很难知道哪条信息是关于密钥交换的。此外，如果预设信息有误，则接收方可以自动报警（签名验证失败）并通过互联网进行更新。该方法将防止接收方通过虚假自我欺骗来修改预设的对称密钥。

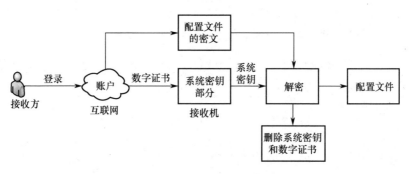

图 4-12　系统重置过程

4.4　仿真实验与结果分析

为了测试 BD-NMA 方案是否可以防御欺骗攻击，本节设计并构建了一个仿真环境。该仿真环境包括 BCH 编码、交织编码、调制等。BD-NMA 方案首先生成密钥对，通过私钥生成签名，该签名被插入 CNAV 的保留位；然后将导航信息发送到该环境中，并调整环境的噪声功率；最后验证输出 CNAV 的完整性和真实性。通过该实验，可测试该方案是否可以正常运行。同时，通过增强信号的噪声，可以检测 BD-NMA 方案起作用的最低信噪比。

4.4.1　仿真环境

仿真环境如图 4-13 所示。首先，密钥生成模块生成私钥和公钥。其次，基本导航信息的签名通过私钥生成，并插入相应的保留位。再次，CNAV 经过 BCH 编码、交织编码和调制，成为卫星信号。接着，这些信号受到零均值高斯噪声的干扰，并通过解调、解交织和 BCH 解码获取 CNAV。最后，从 CNAV 中提取签名，并通过公钥进行验证。

在仿真中，CNAV 来自接收方。详细实验参数如表 4-3 所示。

接收到的 CNAV 包括 CNAV D1 和 CNAV D2。在该实验中，CNAV D2 导

航验证方案类似于 CNAV D1 导航验证方案，只是签名插入的位置不同。CNAV D2 验证周期比 CNAV D1 验证周期短，是因为 CNAV D2 的速率比 CNAV D1 的速率快 10 倍。CNAV D1 和 CNAV D2 的其他详细信息如表 4-4 所示。

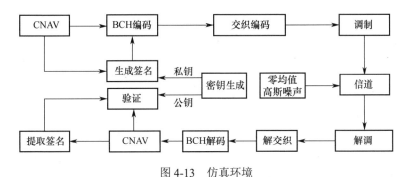

图 4-13　仿真环境

表 4-3　实验参数

参　　数	基　本　信　息
时间	2017 年 9 月 10 日 2:00 pm—5:00 pm
位置	N39°05′58.12″，E117°21′2.51″
天线	GPS-703-GGG NovAtel
接收方	FlexPak6 NovAtel
计算机 1	Pentium（R）Dual-Core CPU T4500 @ 2.30 GHz / 3 GB RAM
计算机 2	Intel（R）Core（TM）CPU I7-6700HQ @ 2.59 GHz / 32 GB RAM

表 4-4　CNAV D1 和 CNAV D2 的其他详细信息

项　　目	CNAV D1	CNAV D2
卫星编号	13	2
载噪比（C/N_0）/dB	43.1	43.420 9
部分导航信息	111000100000000000100011011101000110 00000…	11100010000000000000010110100011 1010…
签名插入位置	页面 11、23 子帧 5 的 51～228 bit 页面 12、24 子帧 5 的 51～176 bit	页面 1、2 子帧 1 的 151～262 bit 页面 3 子帧 1 的 151～230 bit
认证时间	6 min	39 s

4.4.2　仿真实验

从 CNAV D1 的主帧 11 提取基本导航信息，并将其用于签名。签名以二等分方式插入主帧 11、12 的子帧 5 的保留位。接收方在接收到 CNAV D1 后，使用公钥验证签名。CNAV D1 仿真实验流程如图 4-14 所示。

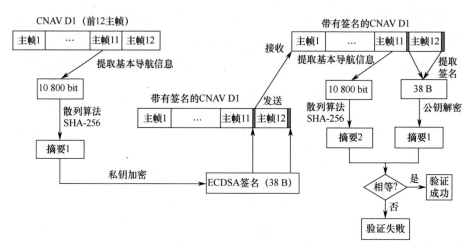

图 4-14 CNAV D1 仿真实验流程

在图 4-14 中，将基本导航信息的签名插入子帧 5 的页面 11、12 的保留位。为了缩短认证周期，将基本导航信息的签名对称地插入子帧 5 的页面 23、24 的保留位。CNAV D1 的认证时间为 6 min。CNAV D2 仿真实验流程如图 4-15 所示。

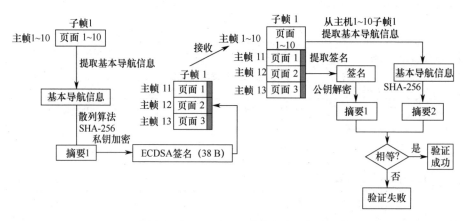

图 4-15 CNAV D2 仿真实验流程

由于 CNAV D1 和 CNAV D2 的结构不同，因此 BD-NMA 方案略有不同。在 CNAV D1 中，基本导航信息被安排在每个主帧的子帧 1～3 中。在 CNAV D2 中，基本导航信息被安排在 10 个连续的主帧中。在图 4-15 中，基本导航数据的签名插入页面 1～3 中包含的 3 个子帧 1 的保留位，如表 4-4 所示。10 个连续的主帧在 30 s 内发送，签名在 9 s 内由其他 3 个连续的主帧传输。因此，D2 导航信息的认证时间为 39 s。

1. 公钥和私钥生成

仿真实验中选择 NID-secp128r2 生成公钥和私钥，原因是其加密强度级别足够高，并且加密时间足够短。在实验计算机 1 上，加密时间仅为 0.153 s。公钥和私钥的具体参数如表 4-5 所示。

表 4-5　密钥对的具体参数

密钥对	参　　数
公钥	0499007A99A8B9AE9E8DF29DFCB700884C4519898F03AD0F2F7CBFCDBE1AC64304
私钥	3081D702010104100A80BCBE233C9CDA7D4C016EA2458CEAA08199308196020101301C06072A8648CE3D0101021100FFFFFFFDFFFFFFFFFFFFFFFFFFFFFFFF303B0410D6031998D1B3BBFEBF59CC9BBFF9AEE104105EEEFCA380D02919DC2C6558BB6D8A5D031500004D696E67687561517512D8F03431FCE63B88F40421047B6AA5D85E572983E6FB32A7CDEBC14027B6916A894D3AEE7106FE805FC34B4402103FFFFFFF7FFFFFFBE0024720613B5A3020104A1240322000499007A99A8B9AE9E8DF29DFCB700884C4519898F03AD0F2F7CBFCDBE1AC64304

2. 签名生成

从 CNAV D1 或 CNAV D2 中提取基本导航信息，摘要和签名由 SHA-256 算法和 ECDSA 的密钥生成，并被插入相应的保留位，具体参数如表 4-6 所示。

表 4-6　摘要和签名的具体参数

摘要和签名	参　　数
CNAV D1 的摘要（32 B）	CE8213D94484BF5D4850BA939FB104C762DBC340B5964A4460F2A0F13CE678
CNAV D1 的签名（38 B）	302402102731BB6509865AA6CEAB2FA4749CCDE2021031BE5CA672EB13214E414AE119737B00
CNAV D2 的摘要（32 B）	D4018B09FA11CFA57F43BE18AF0F4110abd1c13cd4c1b3f35cfc07c9f829f078
CNAV D2 的签名（38 B）	302420103F97D7DBAF212D2E908F9B5E049BEBB302100EF523C105189EB83F9686BC3225F59E

将签名插入保留位的操作如下：在 CNAV D1 中，签名从页面 11 包含的子帧 5 的 51～228 bit、页面 12 包含的子帧 5 的 51～176 bit，以及页面 23 包含的子帧 5 的 51～228 bit、页面 24 包含的子帧 5 的 51～176 bit 插入；在 CNAV D2 中，签名从页面 1 包含的子帧 1 的 151～262 bit、页面 2 包含的子帧 1 的 151～262 bit 和页面 3 包含的子帧 1 的 51～230 bit 插入。

3. 信号编码与调制

插入签名后，根据 ICD 文件[9]，北斗二代 CNAV 采用 BCH（15,11,1）编码和交织编码来增强抗干扰能力。

为了增强抗干扰能力，改善不同卫星信号的互相关特性，CNAV D1 由 Neumann-Hoffman 码、扩频码和载波进行调制。由于只有 5 颗卫星发送 D2 导航信息，因此不由 Neumann-Hoffman 码调制 CNAV D2。根据 ICD 文件[9]，CNAV D1 和 CNAV D2 在 B1 频段（约为 1.56 GHz）进行调制。初始信号和调制后信号的幅度谱如图 4-16 所示。

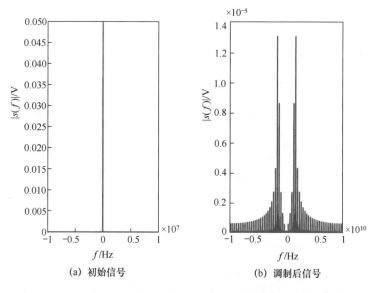

图 4-16　初始信号和调制后信号的幅度谱

4. 噪声和信号解调

实验中将零均值高斯噪声用作噪声样本。根据参考文献［12］，C/N_0 和 S/N_0 的关系为

$$\frac{S}{N_0} + 66.11\,\text{dB} = \frac{C}{N_0} \qquad (4\text{-}1)$$

根据表 4-4 可知，C/N_0=43.11 dB。因此，S/N_0=−23 dB。加噪声后信号和最终信号的幅度谱如图 4-17 所示。

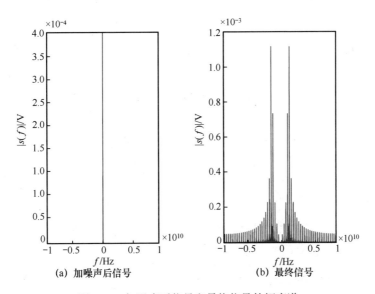

(a) 加噪声后信号　　　　　　(b) 最终信号

图 4-17　加噪声后信号和最终信号的幅度谱

4.4.3　实验结果分析

实验时，真实卫星导航信号和欺骗信号都被发送到设置的仿真环境中。欺骗信号包含错误基本导航信息。经过反复实验，得到如下结果。

1. 验证耗时

平均而言，签名需要 0.153 s 才能生成。根据 ICD 文件[9]，两个 CNAV D1 子帧的时间间隔为 6 s（D2 为 0.6 s），这意味着有足够的时间来生成签名并将

其插入。因此，签名过程不会影响接收方的实时性能。

验证过程是使用 33 B 的公钥执行的，如表 4-5 所示。如果接收到的 CNAV 与来自卫星的 CNAV 相同，则签名验证成功。私钥存储在密钥管理中心中，并且只能在地面控制站使用。当欺骗方发送伪造的 CNAV 时，私钥和公钥不匹配，验证失败。还有一种情况是基本导航信息被篡改，则图 4-14 或图 4-15 中的摘要 1 和摘要 2 将不相同，这也会导致验证失败。

为了验证 BD-NMA 方案可以有效区分真实卫星导航信号和欺骗信号，真实卫星导航信号和欺骗信号均被输入。验证过程的平均时间反映了区分真实卫星导航信号和欺骗信号的能力。经过多次重复实验，验证过程的平均时间如表 4-7 所示。

表 4-7　验证过程的平均时间

编　　号	验 证 状 态	状 态 表 明	平均时间/ms
1	成功	信息是可信的	3
2	失败	信息是不可信的	3

由表 4-7 可知，验证过程的平均时间仅需要 3 ms，短于 22 ms，这意味着在接收所有 11 bit 时间同步序列之前，验证过程已完成。因此，验证过程不会影响正常接收 CNAV 的过程。

2. 解调成功率

BD-NMA 方案 SNR 性能的实验是在恶劣的环境中进行的。在 BD-NMA 方案中，噪声功率是影响信号认证率的关键因素。如果卫星信号被成功解调，则 BD-NMA 方案将正常工作；否则，BD-NMA 方案将无法正常工作。BD-NMA 解调成功率（Demodulation Success Rate，DSR）如图 4-18 所示。

图 4-18 表明，BD-NMA 方案在恶劣环境中获得了很好的性能。SNR 对 BD-NMA 方案的 DSR 具有很大的影响。根据 RDSS[13] 的要求，接收信号的 C/N_0 应该大于 35 dB，即 S/N_0 应该大于 -31.11 dB。由于使用了 BCH 编码，当误码小于 10^{-5} 时，DSR 可以达到 100%。

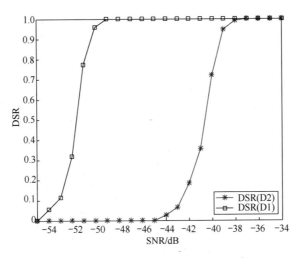

图 4-18　BD-NMA 解调成功率

CNAV D1 的 DSR 的初始计算 SNR 值［标记为 DSR（D1）］为-54 dB。当 SNR 约为-49 dB 时，DSR（D1）达到 100%；CNAV D2 的 DSR 的初始计算 SNR 值［标记为 DSR（D2）］为-44 dB，当 SNR 约为-39 dB 时，DSR（D2）达到 100%。实验结果表明，当 SNR 小于-37.711 0 dB 时，BD-NMA 的 CNAV D2 信息无法正常使用；当 SNR<-49.010 4 dB 时，BD-NMA 方案的 CNAV D1 和 CNAV D2 均无法正常使用。以上分析表明，CNAV D1 具有比 CNAV D2 更高的抗噪性。原因是在 CNAV D1 中实现了 NH 码调制，而在 CNAV D2 中没有实现。因此，在恶劣的环境中，BD-NMA 方案更适合 CNAV D1。

3. ECDSA 和 TESLA 的比较

根据北斗二代导航系统的运行环境，结合 ECDSA 和 TESLA 的应用特点，二者的比较如表 4-8 所示。

表 4-8　ECDSA 与 TESLA 的比较

比较项	ECDSA[6]	TESLA[14]
性能	非对称加密算法	通过非对称算法的非严格对称密钥单向链
标准化	是	否

（续表）

比较项	ECDSA[6]	TESLA[14]
强度	足够强（如表 4-2 所示）	消息认证码（Message Authentication Code，MAC）由哈希协议生成。如果哈希协议被无休止地破坏，则其较短的加密周期可能不足以确保其安全性
硬件要求	只需要保留当前算法的公钥和基本导航信息的摘要即可。收到签名后，直接对其进行验证，适于具有较小存储空间的便携式接收方	为了完成验证，接收方需要保留过去的信息和 MAC 的数据。因此，如果在 BDS 中采用 TESLA，则必须有足够的空间来存储这些信息
认证率	基于原始数据摘要、签名及其公钥来验证信息，接收方不需要等待其他数据来验证签名	在某些恶劣的环境中，如果保留的数据在密钥出现之前已过载，则接收方可能会丢失一些数据，这些数据无法完成验证
保留位占用	保留位需要包含签名，本章方案的签名长度约为 304 bit	保留位需要包含组号、MAC 和过去的密钥。大多数 MAC 由哈希函数生成，且哈希函数的值的长度不小于 224 bit。过去的密钥和组的数量需要更多的保留位来传输。CNAV D1 中的保留位较少
计算负担	计算负担很小。ECDSA 在更复杂的基础椭圆曲线空间中运行，具有较小的域参数和更有效的验证功能	密钥管理的计算负担很大。如果接收方从 KMC 获得了 1 年的密钥，则需要约 225 次计算才能获得当前密钥，这个过程会产生很大计算量
认证延迟	有身份验证延迟问题。在 BDS 中，大多数信息是重复广播的，如在 1 h 内重复广播基本导航信息。一旦接收方成功验证签名，则此 1 h 内的基本导航信息就不需要进行身份验证	有身份验证延迟问题。认证周期与信息分组的长度有关，信息分组长度越短，认证周期越短。因此，不能保证 TELSA 的安全性

TESLA 是一种在增强型罗兰（enhanced Long Range Navigation，eLORAN）系统中实现的新方法。ECDSA 是为了抵抗欺骗攻击而在 GNSS 中应用的算法。从加密强度和计算负担的角度来看，ECDSA 比 TESLA 更好。如果在 CNAV D2 中应用 TESLA，则需要更多的存储空间，因为 CNAV D2 比 CNAV D1 的内容更多。ECDSA 仅需要 CNAV 摘要和公钥即可完成验证。因此，在北斗二代导航系统中，ECDSA 的性能优于 TESLA。

4.5 小结

本章在对 GNSS 民用信号安全漏洞进行分析的基础上，提出了北斗二代

CNAV 认证方案。仿真实验结果表明，该方案可以抵抗生成式欺骗攻击，也就可以保护 CNAV 的完整性，并可以确保民用卫星导航的安全性。签名的设计具有较低的计算复杂度和较高的安全性。

本章参考文献

[1] 程翔, 陈恭亮, 李建华, 等. 基于北斗卫星导航系统的数据安全应用[J]. 信息安全与通信保密, 2011, 9(6): 43-45.

[2] 张剑寒, 聂元铭. 数据中心安全防护技术分析[J]. 信息网络安全, 2012(3): 56-59.

[3] WESSON K, ROTHLISBERGER M, HUMPHREYS T. Practical cryptographic civil GPS signal authentication[J]. Navigation, 2012, 59(3): 177-193.

[4] HUMPHREYS T E. Detection strategy for cryptographic GNSS anti-spoofing[J]. IEEE Transactions on Aerospace and Electronic Systems, 2013, 49(2): 1073-1090.

[5] U.S. Department of Commerce/N.I.S.T. Nation Technical Information Service. Digital Signature Standard. FIPS 186-4[S]. 2013.

[6] IEEE B E. IEEE standard specifications for public-key cryptography—amendment 1: additional techniques[S]. IEEE, 2004.

[7] 于伟. 椭圆曲线密码学若干算法研究[D]. 合肥: 中国科学技术大学, 2013.

[8] 周敏. 基于椭圆曲线密码体制的数字签名研究[D]. 西宁: 青海师范大学, 2013.

[9] 中国卫星导航系统管理办公室. 北斗卫星导航系统: 空间信号接口控制文件(2.1 版)[Z]. 2016.

[10] 钟欢, 许春香. 基于身份的多方认证组密钥协商协议[J]. 电子学报, 2008, 36(10): 1869-1872, 1890.

[11] 张岩, 张爱丽. 数字签名算法 RSA 与 ECDSA 的比较与分析[J]. 科协论坛(下半月), 2010(2): 96-97.

[12] 巴晓辉, 刘海洋, 郑睿, 等. 一种有效的 GNSS 接收方载噪比估计方法[J]. 武汉大学学报, 信息科学版, 2011, 36(4): 457-460, 466.

[13] 中国卫星导航系统管理办公室. 北斗用户终端 RDSS 单元性能要求及测试方法[Z]. 2015.

[14] PERRIG A, SONG D, CANETTI R, et al. Timed efficient stream loss-tolerant authentication (TESLA): multicast source authentication transform introduction[R]. RFC Editor, 2005.

第 5 章
基于 TESLA 的北斗民用导航电文
信息认证方法

本章针对欺骗攻击提出了一种基于国产密码和 TESLA 相结合的 BDS 抗欺骗方案（以下简称本章方案）。该方案使用 SM3 生成具有时间信息的 TESLA 密钥链，然后使用密钥链中的密钥生成 CNAV D2 的 MAC，并将 MAC 插入 CNAV D2 的保留位。此外，该方案使用 SM2 对 TESLA 密钥链中的时间信息进行加密保护，以抵抗密钥转发式欺骗攻击，使 BDS 被欺骗的可能性降低、安全性增强。

5.1 TESLA 流程

TESLA 流程如图 5-1 所示。本节通过比较参考文献［1-2］中的研究工作与本节相关研究工作的差异，展示了接收方如何使用本章方案来抵抗转发式欺骗攻击，以及如何降低遭受生成式欺骗攻击的风险。

图 5-1 展示了 3 种不同场景中的北斗卫星通信链路。在基于 TESLA 方案的场景中，北斗卫星通信链路由位置 1 接收方、基于 TESLA 方案的星座（S_1–S_2–S_3–S_4）和地面监测站（Ground Monitoring Station，GMS）组成。下文将该北斗卫星通信链路简称为链路 1。在基于传统 NMA 方案的场景中，北

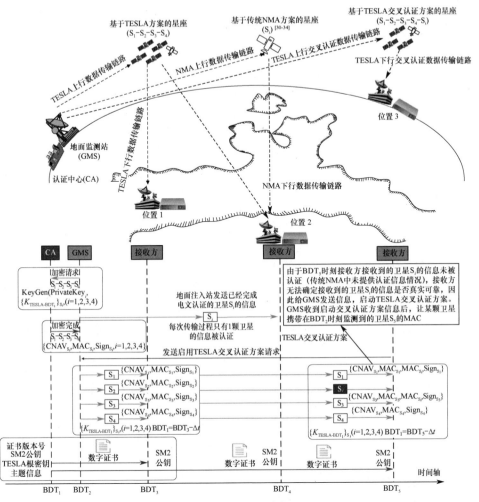

图 5-1　TESLA 流程

斗卫星通信链路由位置 2 接收方、基于传统 NMA 方案的星座（S_i）和 GMS 组成。其中，位置 2 接收方可以接收到若干北斗卫星信息。下文将该卫星通信链路简称为链路 2。在基于 TESLA 交叉认证方案的场景中，北斗卫星通信链路由位置 3 接收方、基于 TESLA 交叉认证方案的星座（S_1–S_2–S_3–S_4–S_i）和 GMS 组成。下文将该北斗卫星通信链路简称为链路 3。链路 1 与链路 3 的区别在于，链路 1 的 GMS 在某一时间段内不能监测到卫星 S_i 的数据，且无法生成具有认证功能的 CNAV，而链路 3 的 GMS 在相同时间段内能监测到卫星 S_i 的数据，且可以依靠 TESLA 交叉认证方案对某颗携带 S_i 数据的 CNAV

进行认证。下面对每个场景中的身份认证步骤进行说明，其中不涉及 TESLA 中具体子密钥的认证过程，具体认证过程将在后文进行详细说明。

5.1.1　链路 1 的身份认证步骤

步骤 1　链路 1 的 GMS 将监测到的卫星（S_1-S_2-S_3-S_4）数据传输到认证中心（Certificate Authority，CA），并向 CA 发出加密 CNAV 的请求。

步骤 2　CA 生成多种接收方认证的密钥，包括星座中的所有卫星 S_i（$i=1\sim4$，i 的大小取决于星座的卫星数量，这里以接收方定位所需最少的卫星数量来举例说明身份认证过程）使用的 SM2 私钥 PrivateKey$_i$、公钥 PublicKey$_i$ 及带有时间戳功能的 TESLA 密钥链 $\{K_{\text{TESLA-BDT}}\}_{S_i}$（$i=1,2,3,4$）。

步骤 3　CA 根据 TESLA 方案加密不同卫星的 CNAV，然后生成带有认证功能的 CNAV $\{\text{CNAV}_{S_i},\text{MAC}_{S_i},\text{Sign}_{S_i}\}$（$i=1,2,3,4$），并发送给北斗三代导航系统的上行链路站（Uplink Station，ULS）。其中，CNAV 是民用导航电文，MAC 是消息认证码，Sign 是签名。

步骤 4　由于接收方定位时至少需要 4 颗卫星，因此接收方至少需要 4 颗卫星链路的 CNAV 和 TESLA 子密钥。接收方首先下载数字证书执行签名认证，签名认证包含重要的时间信息及根密钥的认证，如果签名认证通过（说明 TESLA 的根密钥没有更新且卫星时间信息没有被欺骗），则接收方执行 TESLA 密钥认证过程。由于 TESLA 的根密钥是对外公开的，因此接收方可以通过 $\text{BDT}_1=\text{BDT}_3-\Delta t$ 来确定带有时间戳的 TESLA 密钥是否真实可靠。其中，Δt 是信息传输的时间间隔。接收方可以根据本地接收方时钟和经过签名认证后的 CNAV 中的时间信息来确定 Δt。

经过上述步骤，接收方就能根据 CA 中具有哈希功能的函数 F 重新生成根密钥。如果计算得到的根密钥与公开的不一致，则说明系统可能存在重放类欺骗攻击的风险；如果根密钥认证成功，则接收方执行 MAC 认证过程，如果 MAC 认证失败，则说明可能 BDS 的多颗卫星存在生成式欺骗攻击的风险。

5.1.2　链路 2 的身份认证步骤

链路 2 是传统 NMA 的通信链路，该链路每次只能认证 1 颗卫星的 CNAV，如果接收方需要在某时间段内一次性认证多颗卫星的 CNAV，就需要重复多次链路 2 的过程[2]。相比于 TESLA 方案，传统 NMA 方案无疑会给接收方带来额外的认证计算量，因为传统 NMA 方案每次认证的计算量都会比 TESLA 方案大得多，并且多次请求认证的需求势必带来不可估计的信道干扰。此外，传统 NMA 方案为了提高方案本身的安全性，往往会不断更换加密密钥，这也会给 CA 和接收方带来额外的通信成本和密钥管理工作。在 TESLA 中，发送方会使用同一密钥链加密不同卫星数据。为了提高子密钥的利用率和系统的安全性，发送方往往可以在不同时间间隔的信息中使用不同子密钥进行加密，其中的任何子密钥都可以经过多次迭代算法得到根密钥。将 TESLA 应用到传统 NMA 方案中，不仅可以大大降低密钥管理的复杂度，还可以实现不同卫星的交叉认证。

5.1.3　链路 3 的身份认证步骤

链路 3 的认证过程与链路 1 的认证过程大致相同。不同链路中的 GMS 和接收方存在不同的空间位置，不同空间位置的 GMS 在同一时间段内监测到的卫星是不同的。链路 1 的接收方在位置 1 时，GMS 能够监测卫星（$S_1 \sim S_4$）的数据并生成具有认证功能的 CNAV 并传输给接收方。链路 3 的接收方在位置 3 时，GMS 不能监测卫星 S_i 的数据且不能产生具有认证功能的 CNAV。由于在 BDT_5 时刻接收方接收到的卫星 S_i 的数据未被认证（传统 NMA 方案中未提供认证信息情况），因此接收方无法确定其收到的卫星 S_i 的数据是否真实可靠，就给 GMS 发送信息来启动 TESLA 交叉认证方案。GMS 收到启动交叉认证方案信息后，使某颗卫星携带在 BDT_2 时刻监测到的卫星 S_i 的 MAC。接收方可以通过 $BDT_1 = BDT_5 - \Delta t$ 来确定带有时间戳的 TESLA 密钥是否真实可靠。

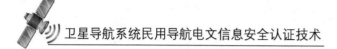

在 TESLA 执行过程中，发送方生成长度为 n 的密钥链，该密钥链是由初始密钥随机数 K_n 经过多次迭代生成的，每次迭代的结果都作为密钥链的一个密钥。最终经过 n 次迭代后得到根密钥 K_0，该根密钥一般是对外公开的，它与初始密钥的关系可以表示为

$$K_0 = F^n(K_n) \tag{5-1}$$

式中，F 是具有哈希功能的函数；n 是 F 的迭代次数。TESLA 应用于 GNSS 中生成密钥链的过程往往与哈希函数和截断函数相结合，这是因为 CNAV 具有有限的保留位。在密钥链的哈希过程中为了提高快速认证或者防止密钥的重放类欺骗攻击，往往引入很多特征值（如卫星的时间信息、卫星号和每个密钥大致的传输时间）。每次哈希计算的结果就是一个密钥链的子密钥，且式（5-1）的过程是不可逆的，即密钥链中的任意子密钥可以经过哈希函数得到它后面的子密钥，但无法推导出它前面的子密钥。当发送方生成密钥链后，按照其已生成密钥链的相反顺序依次使用子密钥来计算每个时间段内的 MAC。

由于卫星链路的通信资源是有限的，因此使用本章方案的接收方必须尽可能在资源有限的情况下得到最有效的安全保证。TESLA 中密钥的公布需要广播给接收方，因此 TESLA 密钥的公布也占用通信带宽。为了减少通信带宽的占用，本章方案采用引入时间效应的截断哈希功能函数 F，该函数的输出即 TESLA 的子密钥，其具体表达式为

$$F(K_i, \mathrm{BDT}_j) = \mathrm{cut}[\mathrm{len}, \mathrm{SM3}(K_i \parallel \mathrm{WN} \parallel \mathrm{SOW})] \tag{5-2}$$

式中，K_i 是 TESLA 密钥链的任意密钥，作为函数 F 的输入；BDT_j 是为了抵抗重放类欺骗攻击而引入的北斗卫星时间认证时间戳，$\mathrm{BDT}_j = \mathrm{WN} \parallel \mathrm{SOW}$，WN 和 SOW 分别表示整周计数（Week Number，WN）和周内秒计数（Seconds of Week，SOW）；cut 带有截断的功能，其截断长度是 len，截断功能就是将 SM3 的输出结果截断为 len 大小的长度；SM3 的输入就是密钥 K_i 和时间戳 BDT_j 的串接。

SM 系列国产密码是国家密码管理局先后颁布的一系列商用密码算法。其中，SM2[3-4]、SM3[5]、SM4 是常用的经典商用密码算法。SM2 和 RSA 都是公钥密码算法，SM2 是一种更先进、更安全的算法，可以替代 RSA。SM3 是加密哈希函数标准。本节使用的 SM 系列算法包括 SM2 和 SM3。SM2 主要用于对 TESLA 中的根密钥和重要信息进行签名，SM3 主要用于生成 MAC。

5.2　实施方案

5.2.1　基于 TESLA 交叉认证方案的民用导航电文信息认证

在 TESLA 中，发送方需要粗略计算要发送的信息的传输时间，然后等间隔划分该传输时间。这个方案最初设计的原因是 CNAV 的格式是公开的，因此接收方很可能会因 CNAV 被篡改而受到攻击。

根据北斗控制接口文件中 CNAV 的内容，下述对 CNAV 的篡改可能导致北斗卫星导航系统定位和授时导致功能瘫痪，影响及说明如表 5-1 所示。根据北斗控制接口文件[6]，表 5-1 中星历和钟差参数、卫星自主健康信息标识（SatH1）、电离层延迟改正模型参数、用户测距精度指数（User Range Accuracy Index，URAI）四者的播发特点如下：CNAV D1 在子帧 1～3 中播发，重复周期为 30 s；CNAV D2 在子帧 1 的页面 1～10 的前 5 个字中播发，重复周期为 30 s。SOW 的播发特点是每个子帧重复一次。需要说明的是，表 5-1 中没有引入星上设备延迟这个导航电文参数的原因是，对使用 B3I 信号的单频接收方而言，由于 B3I 信号的设备延迟已经包含在导航电文钟差参数中，因此不需要再修正星上设备的延迟。此外，还需要说明的是，与其他 CNAV 不同，北斗时（BeiDou Time，BDT）并不在 B-CNAV 中播发，而 SOW 和年内分钟计数（Minute of Year，MOY）只是 BDT 的表现形式。在本质上，BDT 由地面控制站的原子钟实现。地面控制站通过卫星双向时间传递技术传递给系统的监测站钟和卫星钟，由卫星钟的时间驱动卫星信号发射，在 CNAV 中播发 74 bit 的卫星钟的钟差参数。接收方接收、测量、解算码元相位和改正卫星钟的钟差参数，再通过溯源复现卫星钟得到 BDT。

表 5-1   导航电文参数被篡改带来的影响及说明

导航电文参数	影 响	说 明
星历和钟差参数	产生伪距错误、位置速度时间（Position Velocity Time，PVT）错误	星历和钟差参数可以计算卫星信号发射时刻的北斗时，由于接收方本身的原子钟与北斗时已知，因此星历和钟差参数错误会导致信号传输时间差错误，进而导致伪距错误
卫星自主健康信息标识	产生拒绝测距	当卫星健康信息出现错误时，接收方可能误认为卫星出现故障或永久关闭，从而自动删除接收到的来自某颗卫星的信息，导致不能正常测距
电离层延迟改正模型参数	产生伪距错误、PVT 错误	电离层延迟会导致卫星信号传输出现时间差，进而导致伪距错误，地面监测站需要不断监测误差信息来更正电离层延迟所造成的影响
用户测距精度指数	接收方自主完好性监测（Receiver Autonomous Integrity Monitoring，RAIM）下拒绝计算 PVT	当卫星出现故障时，接收方启动 RAIM 进行完备性检测依据的重要数据就是 URAI。若所有 URAI 出现错误，接收方就在 RAIM 下拒绝定位
北斗时，即周内秒计数	产生时间错误、伪距错误	接收方进行测距、校准延迟偏差时，都会以 SOW 为基准，因此 SOW 会对伪距测量和时间产生影响

假设表 5-1 中的导航电文参数被欺骗方篡改的 CNAV 实施了欺骗攻击，使用 BDS 的接收方就会得到错误的定位信息和时间信息，甚至可能引起更大的安全隐患，因此本章提出一种基于国产密码和 TESLA 结合的北斗民用信号认证方案，对表 5-1 中的关键导航电文参数进行加密保护，保证接收方能够辨别其接收到的 CNAV 是否是欺骗信息，从而提高接收方的安全性。

本节提出使用 CNAV D2 的保留位置传输 NMA 信息。其中，NMA 信息是将表 5-1 中的导航电文参数根据不同的安全需求进行加密保护得到的，因为如果表 5-1 中的导航电文参数被篡改，则会对整个系统产生较大影响。这样做不仅避免了对现有 BDS 系统帧结构的调制，而且将信息分散到不同子帧中，可以极大地提高信息的不可预测性。

由 CNAV D2 的特性可知，每个超帧都由 120 个主帧构成，而子帧 5 又是以 120 个页面分时发送的，因此对子帧 5 来说，一个主帧即构成它的一个页面。子帧 1 是按照 10 个页面分时发送的，而且 CNAV D2 的子帧都是连续发送的，因此对子帧 1 来说，它是以 10 个主帧为单位进行重复播发的，即整个 CNAV D2 传输结束相当于子帧 1 的 10 个页面重复播发 12 次。此外，子帧 1 的页面 1~10 的低 150 bit 信息为保留位置。本章方案以子帧 1 的 10 个页面为一组，然后生成每组导航电文的认证信息并插入对应的保留位置。CNAV D2 中子帧 1 的 10 个页面的结构如图 5-2 所示，其中，保留位置用粗实线框标出。

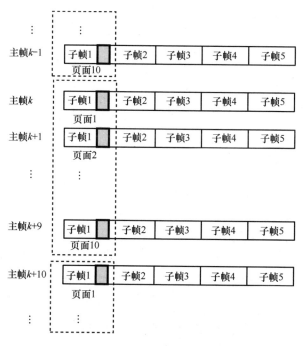

图 5-2　CNAV D2 中子帧 1 的 10 个页面的结构

图 5-2 中，k 表示主帧的序号，当 k 为 14~34、74~94、117~120 时，主帧的子帧 5 都是保留位置，k 的最大值为 120。3 个虚线框表示相邻的连续

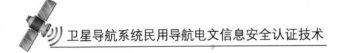

3 组子帧 1 的 10 个页面。下面以子帧 1 的 10 个页面为例，说明导航电文认证方案的内容，并以 10 个页面的传输时间为参考作为 TESLA 中的认证子帧。本章方案的具体内容及对应的页面结构如图 5-3 所示。

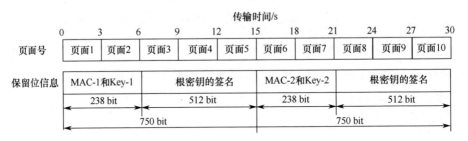

图 5-3　本章方案的具体内容及对应的页面结构

图 5-3 中，1 个认证子帧产生 2 个 MAC（MAC-1 和 MAC-2），接收方在 1 个认证子帧中接收到 2 个 MAC，完成两次信息认证。第一行表示 CNAV D2 子帧 1 的 10 个页面的传输时间轴，可见 1 个页面（包含 5 个子帧）的传输时间为 3 s，则 10 个页面的传输时间为 30 s，以此周期重复传输。第二行表示页面号。第三行表示两部分的保留位信息，每部分的保留位信息长度都是 750 bit，该 750 bit 信息是子帧 1 的 5 个页面的低 150 bit 的总和；每部分的保留位信息都包含两部分，分别是 MAC 和生成该 MAC 的密钥（Key）（以下简称密钥）及根密钥的签名。由于根密钥的签名使用 SM2 计算，其签名长度为 512 bit[3-4]，因此 MAC 和 Key 的长度为 238 bit。

5.2.2　交叉认证方法

针对北斗三代 GEO 卫星和 MEO 卫星中 B1C 和 B2a 所播发的导航电文，本小节提出一种交叉认证的概念。BDS 的 CNAV 加密是通过将 GMS 监测雷达可视范围内的卫星的数据传递给地面控制站进行的。目前，北斗系统的在轨卫星数量是 46 颗，但是 GMS 的监测雷达可视范围内的卫星数量肯定是有限的。这就意味着在 BDS 中，只有 GMS 监测到的卫星才能产生 NMA 数据，而不能监测到的卫星不会产生 NMA 数据。这是因为 CNAV 由地面控制站产生，且其需要注入给卫星进行 CNAV 播发。

本小节设计了一种卫星之间的交叉认证方法。这里的交叉认证指的是 GMS 通过利用其能监测到的卫星数据传递给地面控制站生成 NMA 来认证其不能监测到的卫星数据。因此，GMS 肯定会在特定时间段内监测到所有的卫星。以 IGEO 和 MEO 卫星为例，在认证子帧 j 时刻，GMS 通过利用其能监测到的 2 颗 IGEO 卫星来认证其不能监测到的 3 颗 GEO 卫星的数据来完成基于 TESLA 的交叉认证，如图 5-4 所示。

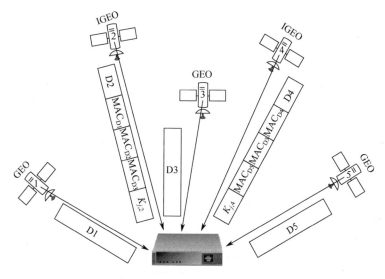

图 5-4　基于 TESLA 的交叉认证

5.2.3　消息认证码和密钥

本小节分别对 MAC 的生成、MAC 和密钥的结构、MAC 和密钥的安全性及根密钥的签名进行详细说明。

1. MAC 的生成

在 TESLA 中，选择一个 128 bit 的随机数作为密钥链的初始密钥，然后利用式（5-2）生成密钥链中的所有密钥。密钥链生成后，发送方使用对应的密钥对认证子帧的信息进行加密，生成 MAC。在当前的加密系统中，实现 MAC 的方式有很多，如使用单向哈希函数、分组密码、流密码和公钥密码。这里使用单向哈希函数生成 MAC。其中，单向哈希函数有多种选择，如 SHA-1、SHA-224、SHA-256 等。上述单向哈希函数都是国外设计的，考虑到安全性，这里选择国产密码 SM3 生成 MAC，这种算法被称为 HMAC-SM3。HMAC-SM3 生成 MAC 的具体过程如图 5-5 所示。

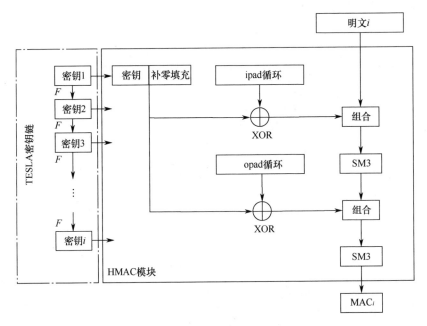

图 5-5　HMAC-SM3 生成 MAC 的具体过程

TESLA 密钥链中的每个密钥都经过 HMAC 模块生成不同认证子帧信息对应的 MAC。在 HMAC 模块中，生成明文的 MAC 的步骤如下。

（1）将密钥链 128 bit 的初始密钥补零填充至 512 bit，这是因为 SM3 的分组长度为 512 bit。

（2）将填充后的密钥与 ipad 循环后的比特序列进行 XOR 运算。其中，

ipad 是 00110110 比特序列，也将其循环值设为 512 bit。因此，XOR 运算后的值与 SM3 的分组长度相同，并且该序列具有与密钥相关的比特序列。这里将该序列称为 keyrelated1 序列。

（3）将 keyrelated1 序列与明文 i 进行组合。这里的组合指的是将 keyrelated1 序列放置在明文 i 的开头处。

（4）利用 SM3，计算得出步骤（3）组合结果的哈希值。

（5）同样将填充后的密钥与 opad 循环后的比特序列进行 XOR 运算。其中，opad 是 01011100 比特序列。这里将该序列经 XOR 运算后的结果称为 keyrelated2 序列。

（6）将 keyrelated2 序列与步骤（4）中的哈希值进行组合。这里的组合指的是将 keyrelated2 序列放置在哈希值的开头处。

（7）利用 SM3，得出步骤（6）组合结果的哈希值。该值就是最终明文 i 的 MAC_i。

使用 HMAC-SM3 即可生成 CNAV 的 MAC，但是考虑到加密和认证速度，并不是所有的 CNAV 对接收方的定位和授时功能都有重要的影响，因此本小节引入一种 CNAV 加密选择内容，以下称为 MAC 相关信息。该信息可以在发送方选择部分 CNAV 进行加密，以满足不同接收方的安全需求。

2. MAC 和密钥的结构

图 5-6 显示了 MAC 和密钥的结构，由 3 部分组成，分别是 MAC 部分、MAC 相关部分及密钥部分。考虑到存在不同卫星的交叉认证（见图 5-4），图 5-6 中显示了 2 个连续认证子帧的 MAC 和密钥的结构，接收方接收到这 2 个信息的顺序是从左到右和从上到下。其中，MAC_{i-j} 中的 i 表示第 i 颗卫星，j 表示认证子帧的序号；ID 表示卫星号，大小为 6 bit，正好可以包含 64 颗卫星的值（当前北斗在轨卫星有 46 颗，选取 6 bit 的 ID 是为了适应

将来卫星数量增多，以提高方案的兼容性）；$MAC_{i\text{-}j\text{-}Rel}$ 表示对应的 MAC 相关信息，其大小为 2 bit。

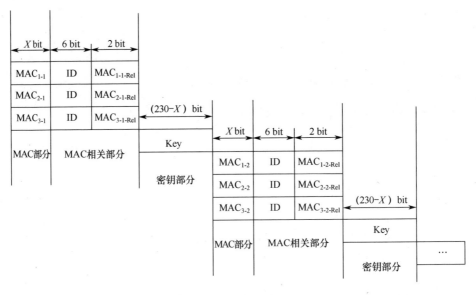

图 5-6 MAC 和密钥的结构

从图 5-6 可以看出，在 MAC 和密钥的结构中，MAC 部分和密钥部分共占 230 bit 的保留位。CNAV 加密选择方案的两位信息（结合表 5-1 中提供的导航电文参数）如表 5-2 所示。

表 5-2 CNAV 加密选择方案的两位信息

$MAC_{i\text{-}j}$	含 义	比特数/bit	在 CNAV 中的位置	
0	电离层延迟改正模型参数	64	页面 2 第 47～52 bit、61～82 bit、91～112 bit、121～134 bit（均为子帧 1 中的页面）	
1	钟差和星历参数	445	钟差参数（74 bit）	页面 1 第 78～82 bit、91～102 bit，页面 3 第 101～112 bit、121～136 bit，页面 4 第 47～52 bit、61～82 bit、91 bit
			星历参数（371 bit）	页面 4 第 97～112 bit、121～134 bit，页面 5、7、9 第 47～52 bit、61～82 bit、91～112 bit、121～134 bit，页面 8 第 47～52 bit、61～82 bit、91～112 bit、121～136 bit，页面 10 第 47～52 bit、61～73 bit

（续表）

MAC$_{i\text{-}j}$	含　义	比特数/ bit	在 CNAV 中的位置
2	所有基本导航信息内容	557	除钟差和星历参数、SatH1、电离层延迟改正模型参数、URAI 外的位置，还包括子帧 1 的页面 1 第 47～52 bit、61～77 bit、103～112 bit、121～130 bit，页面 4 第 92～96 bit
3	所有认证子帧段的导航电文内容	7 500	5 个页面的所有导航电文

表 5-2 是对应图 5-3 所示页面结构的说明。MAC-1 是前 5 页导航信息参数生成的 MAC，MAC-2 是后 5 页导航信息参数生成的 MAC，它们都属于一个认证子帧时刻，且都属于一个认证过程。MAC$_{i\text{-}j}$可以是 0、1、2、3 这 4 个值。表 5-2 仅提供了 4 种为 CNAV 选择加密内容的方案，未来可以增加更多的方案以满足不同接收方的安全需求。为方便提取加密内容，表 5-2 给出了 CNAV 中所有导航电文参数的位置信息。

3. MAC 和密钥的安全性

为了充分利用卫星通信带宽资源，本小节将 MAC 部分与密钥部分放入 CNAV D2 的保留位，并尽可能充分利用这些位置。MAC 部分与密钥部分一共有 230 bit，所以需要考虑密钥长度与 MAC 对方案的影响。对于密钥长度，单向链中的对称密钥长度为 80 bit，足以保证安全期为 1 年；而 128 bit 的密钥长度足够保证安全期为 20 年，甚至 30 年之久，故在 MAC 的生成过程中，本小节设定 128 bit 为密钥链的初始密钥长度。而由式（5-1）和式（5-2）可知，时间效应的截断哈希功能函数 F 的输出就是密钥链的长度，因此将密钥链所有的密钥长度都设定为 128 bit。这样，式（5-2）中的 len 就是 128 bit（因为 SM3 的输出固定为 256 bit，这里需要将 SM3 输出截断为 128 bit 的密钥）。密钥长度确定为 128 bit 后，MAC 部分的长度也就确定了，为（230–128）bit =102 bit。但是，由 HMAC-SM3 生成的 MAC 部分的长度为 256 bit，因此 MAC 部分信息要进行截断。基于上述分析，即使 MAC 部分被截断为 102 bit，它被欺骗方预测的概率也是很低的，符合 MAC 长度的安全需求。

4. 根密钥签名

发送方在生成 TESLA 密钥链后会将最后一个密钥作为根密钥进行公布，本小节采用数字证书的密钥进行传输。这样做的目的是给接收方一个信息认证凭证，即接收方接收到的所有密钥链的子密钥都可以经过多次 F 变换成为根密钥，这样就能证明子密钥的真实性。为了防止根密钥的更新导致认证的发生（这种情况一般很少发生），本小节提出每次生成 MAC 后都将根密钥签名连续不断地附在 MAC 与密钥后面。根密钥签名对应的明文结构如图 5-7 所示。

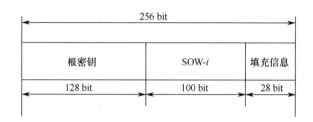

图 5-7　根密钥签名对应的明文结构

根密钥的大小是由函数 F 决定的，前文提及 len 为 128 bit，因此根密钥长度也是 128 bit，而 SM2 签名输入的明文长度为 256 bit，于是设计 128 bit 的信息作为根密钥的辅助信息。辅助信息包含两部分，一部分是时间信息 SOW-i，其中，i 是页面的编号，时间信息的长度为 100 bit，由 5 个页面的 SOW 组成的；另一部分是 28 bit 的填充信息，在本章方案中，填充信息为 1 bit 的 SatH1 和 4 bit 的 URAI，二者共计 5 bit，剩下 23 bit 为 0，也可以将这些 0 设计为其他有用的信息。综合表 5-2 中 $MAC_{i\text{-}j}$ 提供的导航电文参数加密方案与图 5-7 中 SOW-i、填充信息所涉及的导航电文参数内容，本章方案将表 5-2 中所有易于受到欺骗攻击的导航电文参数都通过不同的方法进行了保护。

根密钥签名的生成与验证过程如图 5-8 所示。

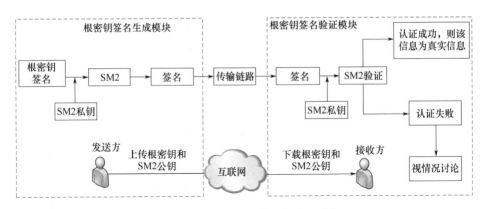

图 5-8　根密钥签名的生成与验证过程

发送方在生成一个 MAC 的同时，将根密钥签名附在其后（见图 5-3）。当接收方接收到该签名并认证成功时，说明在半个认证子帧内的 CNAV 的 SOW、SatH1 和 URAI 是真实可靠的，并且发送方使用的根密钥没有更新；当接收方认证失败时，接收方会按照表 5-3 所示情况进行判断。

表 5-3　根密钥签名认证结果的 4 种情况

MAC 和密钥是否认证成功	根密钥签名是否认证成功	结　　果
是	是	半个认证子帧内认证的信息都是真实可靠的
是	否	半个认证子帧内的 MAC 和密钥认证的信息是真实可靠的，根密钥签名（SOW、SatH1、URAI）是欺骗信息
否	是	情况 1：根密钥发生更新，半个认证子帧内的根密钥签名（SOW、SatH1、URAI）是真实可靠的 情况 2：根密钥没有更新，半个认证子帧内的 MAC 和密钥认证的信息是欺骗信息，根密钥签名（SOW、SatH1、URAI）是真实可靠的
否	否	半个认证子帧内认证的信息都是欺骗信息

表 5-3 按照半个认证子帧说明了根密钥签名认证结果的 4 种情况，这是因为图 5-3 中接收方生成每个 MAC 和密钥、根密钥签名这二者的时间都是半个子帧的时间。在表 5-3 中第 1 行所示的情况下，根密钥是通过数字证书更新的，即发送方和接收方利用互联网来协商密钥，SM2 公钥也是通过数字证

书传输的。数字证书由密钥管理中心（Public Key Infrastructure，PKI）发放。PKI 是主控站的一个下属机构。根据 X.509 的要求，合法的数字证书包含的类目如表 5-4 所示。根据这些类目，可设计对应本章方案的内容。

表 5-4　合法的数字证书包含的类目及对应本章方案的内容

类　目	对应本章方案的内容
版本号	由 PKI 决定
证书持有人公钥	SM2 公钥
证书持有人根密钥	根密钥
主题信息	主控站标识符
证书有效期	公钥的有效期
认证机构	PKI
发布者数字签名	由 PKI 决定
签名算法标识符	由 PKI 决定

如表 5-4 所示，证书持有人公钥就是 SM2 公钥，证书有效期可以提示接收方更新数字证书。此外，当 MAC 和密钥认证失败且根密钥签名认证成功时，接收方也需要更新数字证书，以防止因为根密钥没有更新而导致认证失败。

5.3　性能测试

本节主要对本章方案设计性能测试方案并进行性能测试。

5.3.1　性能测试方案

性能测试方案框架如图 5-9 所示。该方案主要对认证时间内根密钥和公钥未更新的过程进行模拟，分为三部分，即信息生成、信息传输和信息认证。

信息生成包括两个步骤，首先是生成 TESLA 密钥链，其次是基于接收方

接收的卫星数据通过加密算法生成 MAC 和根密钥签名（根据图 5-3 和图 5-7
生成），从而生成具有认证功能的 CNAV。

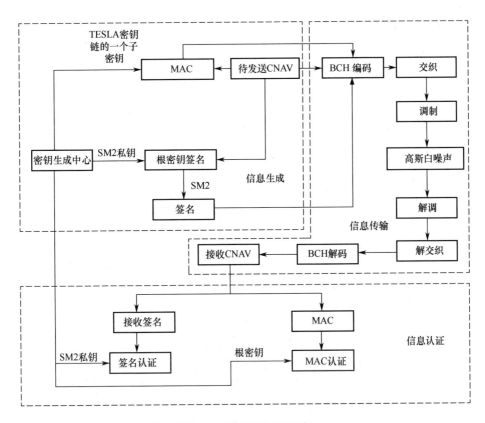

图 5-9 性能测试方案框架

信息传输主要模拟电文传输，首先将具有认证功能的 CNAV 根据 ICD 标
准进行 BCH 编码、交织和调制，然后向调制后的信号加入高斯白噪声，最后
对干扰后的信号进行一系列处理（解调、解交织、BCH 解码）。

信息认证主要对本章方案的认证延迟、认证错误率和认证率进行分析。

5.3.2 性能测试内容

性能测试主要分为以下两个步骤：第一步是信息生成，主要生成具有认

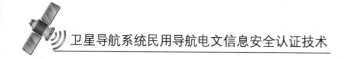

证功能的 CNAV；第二步是模拟 B-CNAV 的传输过程，使生成的 CNAV 在高斯白噪声中具有认证功能并进行传输。在测试过程中，本小节通过模拟接收方来检测具有认证功能的 CNAV 对噪声的影响。

1. 信息生成

1）生成 TESLA 密钥链

TESLA 初始密钥是 128 bit 的随机数，该初始密钥在测试中经过式（5-2）迭代 23 次后生成 24 个密钥，构成 TESLA 密钥链。该密钥链传输一次即可完成导航电文的加密，因为 1 个认证子帧需要 2 个密钥。该密钥链的初始密钥（第 1 个密钥）、根密钥（第 24 个密钥）、部分密钥的内容及其对应的时间信息［式（5-2）中的 BDT_j，1 个认证子帧的北斗时刻］如表 5-5 所示。

表 5-5　TESLA 密钥链

TESLA 密钥链	部 分 内 容	密钥对应的时间信息
初始密钥	f01f2e724ac0ab35be3a20f f7a7d7fca	0111000001001100000011100000100110000110111000001 0011000110011100000100110010010111000001001100100
子密钥 1	b88ae462f59e7947aa37bfa e755d0fc2	0111000001001100111101110000010011010010011100001 0011010101011100000100110110000111000001001101101
子密钥 2	b88ae462f59e7947aa37bfa e755d0fc2	0111000001001101111001100000100111000010111000010 0111001000111000001001100111011011000001001110101
根密钥	2c0bfde551712966135b16 ae7da7fc14	0111000001100001100101110000011000011100011100000 0000111110111000001100010001001110000011000100101

表 5-5 中，子密钥 1 是由初始密钥根据式（5-2）生成的下一个 TESLA 密钥链的子密钥。其中，子密钥 1 的长度与 SM3 的输出大小有关。TESLA 的子密钥都是经过式（5-2）迭代后的结果，取前 128 bit，在表 5-5 中以十六进制数表示。同理，子密钥 2 是由子密钥 1 根据式（5-2）生成的，在生成每个 TESLA 子密钥时都会引入时间信息（每个密钥使用的时间信息在表 5-5 中以二进制数表示），这样做的目的是抵抗转发式欺骗攻击。

— 92 —

2）生成 MAC

测试选取一个认证子帧内的 CNAV 为明文信息，利用 HMAC-SM3 生成对应的 MAC。根据图 5-3 和表 5-2，在一个认证子帧内选取所有的基本导航信息的内容。这些内容分为前 5 个页面和后 5 个页面，通过图 5-5 所示的生成 MAC 的方法生成 2 个 MAC，它们使用的密钥是表 5-5 中的子密钥 1 和子密钥 2。一个认证子帧内两个 MAC 的具体信息如表 5-6 所示。

表 5-6　一个认证子帧内两个 MAC 的具体信息

编　号	内　容
MAC$_1$	b3d057d0 bc41d37a a5b24be7 24c63e3e f8949dda a5ba1dd7 adb2bf73 ab1a625a
MAC$_2$	c5c4e3eb a9d6ac16 78776a03 72c30af4 b4db04a6 9332e824 78a22ef3 f0a9d04b

表 5-6 中，MAC$_1$ 是由一个认证子帧的前 5 个页面的基本导航信息生成的 MAC，MAC$_2$ 是由一个认证子帧的后 5 个页面的基本导航信息生成的 MAC。测试中，所有页面的基本导航信息首先按照表 5-2 提取（MAC$_1$ 和 MAC$_2$ 的长度都是 256 bit），按照 5.2 节的内容，将 MAC$_1$ 和 MAC$_2$ 截断为 102 bit；然后分别与子密钥 1 和子密钥 2 按照图 5-3 所示的方式结合并插入保留位；最后模拟 CNAV 的传输，计算 MAC 的认证错误率。

3）生成根密钥签名

根据图 5-7，根密钥签名的明文结构由根密钥、SOW 和填充信息组成，测试需生成认证子帧内的根密钥签名，即根密钥是 TESLA 的根密钥，SOW 是生成子密钥 1 和子密钥 2 对应的时间信息，填充信息为 0。根密钥签名的明文结构的各部分及最后生成的签名如表 5-7 所示。

表 5-7 中，使用相同的私钥对不同 SOW 进行签名，而 TESLA 的根密钥和填充信息都一样。

表 5-7　根密钥签名的明文结构的各部分及最后生成的签名

明 文 结 构	子 密 钥 1	子 密 钥 2
TESLA 的根密钥	2c0bfde551712966135b16ae7da7fc14	2c0bfde551712966135b16ae7da7fc14
SOW	011100000100110011101110000001001101 001001110000010011010101011100000100 110110000111000010011011011	011100000110000110010111000011000 011100011100000110000111110111000000 110001000100111000001100010000101
填充信息	0000000000000000000000000000	0000000000000000000000000000
私钥	7715C1B992423285A2CAD5852B2C386D AF6041465F7A436465C61BE2C921D2AB	7715C1B992423285A2CAD5852B2C386 DAF6041465F7A436465C61BE2C921D 2AB
签名	3044022032FB9020076857D699AC6C9EB CE798C68857DCE5F7E49E9BDS20CE4B 1CD79FCB4022003ACD8B77B6B6E3E85 AFE2DE93E862CCF8D1FF79AB824D399 1127FC7411DC7C9	3044022065318E0CAA0A25FCB428778 EE16DB0815B4AD1485700707C6AFCC 69066B8D6C902206E6EBEC8B4190440 22F3ECB6891C86A6F3A3033E112E470 F279CE84A33E55AF5

2. 信息传输

在信息传输中，B-CNAV 在 MATLAB 上模拟传输，传输过程主要包括校验码的生成和信息交织、信息调制、噪声添加和解调。图 5-10 所示为 B-CNAV 二进制码流 BCH 编码过程。

图 5-11 所示是 B-CNAV 从调制到传输的仿真。B-CNAV 需要经过扩频调制、载波调制、噪声处理和解调等一系列信号处理过程。

在 NMA 抗欺骗方案的设计中，可靠性主要取决于认证错误率和认证率。此外，认证时间间隔和首次认证时间是衡量认证效率的性能指标。

本测试的认证错误率主要取决于 B-CNAV 在高斯白噪声干扰下传输的误比特率及认证比特数，认证比特数是表 5-2 中接收方生成 MAC 的导航电文参数的数量。测试方案的性能指标、含义及对应的计算方法如表 5-8 所示。按照表中几种重要的性能指标，可对测试方案进行准确合理的性能评估。

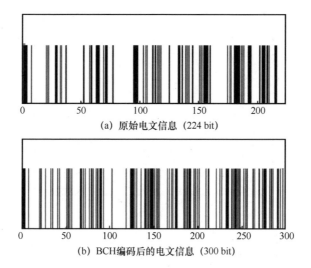

(a) 原始电文信息 (224 bit)

(b) BCH编码后的电文信息 (300 bit)

图 5-10　B-CNAV 信息二进制码流 BCH 编码过程

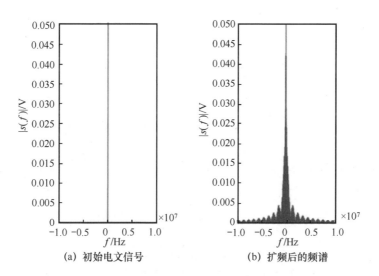

(a) 初始电文信号　　　　　(b) 扩频后的频谱

图 5-11　B-CNAV 信息从调制到传输的仿真

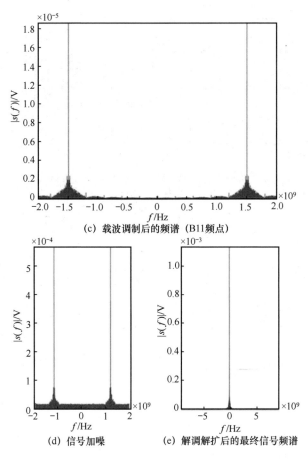

(c) 载波调制后的频谱（B11频点）

(d) 信号加噪 (e) 解调解扩后的最终信号频谱

图 5-11 B-CNAV 信息从调制到传输的仿真（续）

表 5-8 测试方案的性能指标、含义及对应的计算方法

性 能 指 标	含　义	计 算 方 法
认证错误率	在卫星信号传输信道存在干扰的前提下，代表本测试模拟的信道接收方的认证错误率	认证错误率=1−(1−误比特率)认证比特数
认证时间间隔	代表同一颗卫星两次认证成功的时间间隔。这里指在一个认证子帧内的认证时间间隔	
认证率	代表多次模拟导航电文传输过程中经过 NMA 的信息，即经过加密处理算法后的重要导航信息认证成功的可能性	认证率 $P = P_M P_K P_D$

（续表）

性 能 指 标	含　义	计 算 方 法
不可预测 符号率	在除 MAC 和 Key 外的所有导航电文 符号都可预测的情况下，MAC 和 Key 所占的比率	$USR = \dfrac{(K_{len} + N_{MAC}MAC_{len})N_{MAC-TESLA认证子帧}}{N_{TESL认证子帧}}$

首次认证时间是衡量抗欺骗方案认证效率的重要性能指标之一。

表 5-9 将本章方案与参考文献［2,7-8］方案中的首次认证时间进行比较，其中，D1 和 D2 分别代表北斗信号中播发的两种不同 CNAV。分析得出，本章方案具有较短的首次认证时间，进而可以使接收方较快进行冷启动。

表 5-9　多种方案首次认证时间的对比

方　案	首次认证时间/s
参考文献［2］	0.448
参考文献［7］	D1: 1.6, D2: 17
参考文献［8］	10
本章方案	D1: 9.52，D2: 0.952

本章中的认证时间间隔指的是在一个认证子帧内的认证时间间隔。如图 5-3 所示，在一个认证子帧内，两部分 MAC 共有 476 bit，而 CNAV D1 和 CNAV D2 的传输速率分别为 50 bit/s 和 500 bit/s，故相应的认证时间间隔分别为 9.52 s 和 0.952 s。

使用 TESLA 的接收方认证率取决于很多因素，包括 MAC 和密钥。因此，无论是否存在欺骗攻击，接收方认证率都取决于 CNAV、MAC、密钥是否正确接收。只要三者之一出现错误接收，认证就会失败，从而影响认证率，它们与认证率的关系如表 5-8 所示。其中，P_M 代表 MAC 错误概率，P_K 代表关键错误概率，P_D 代表所选导航电文参数错误概率，总认证率等于 P_M、P_K、P_D 的乘积。图 5-12 所示是认证时间间隔与比特率的关系。

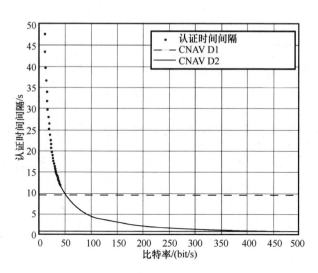

图 5-12   认证时间间隔与比特率的关系

5.3.3   性能测试结果

性能测试模拟了长时间在高斯白噪声干扰下传输多条 CNAV D2 的通信过程。接收方可以通过提取相应的 MAC 来验证信息的真实性。性能测试结果的分析主要从所需时间、认证时间损耗和认证率 3 个方面入手。

1. 发送方所需时间

本章方案结合了 CNAV D2 传输时间为 360 s 的特点，发送方生成带有认证功能的 CNAV D2 各阶段所需的时间如表 5-10 所示。

表 5-10   发送方生成带有认证功能的 CNAV D2 各阶段所需时间

阶　　段	所需时间/s
生成 TESLA 密钥链（24 个密钥）	0.289
生成 MAC（1 个认证子帧内）	0.018
生成根密钥签名（1 个认证子帧内）	0.216（平均）
根密钥签名认证（1 个认证子帧内）	0.177（平均）
总计	0.700（平均）

由表 5-10 可知，本章方案总耗时平均为 0.700 s，远小于 RTCA 标准[9]中

最短的精密进近过程的时间（2 s），故使用本章方案的接收方不会因为加密和认证产生的延迟而受到过多的影响。

2. 认证时间损耗

本章方案选用了 TESLA 和国产密码相结合的方式，如使用 SM3 生成 MAC，使用 SM2 生成根密钥签名。在实际导航电文认证方案中，国际上一般使用 SHA-256 和 ECDSA。本章方案未使用上述加密算法的原因是国外加密算法中可能存在后门漏洞。另外，在相同认证条件下，使用 SM 系列国产密码可以进一步缩短认证时间，下面以 CNAV D2 为例进行论述。

北斗 GMS 上传 1 h 的 CNAV D2，数据量为为 500 bit/s×3 600 s = 219.7265625 KB。由于完整的 D2 导航电文上传共需 360 s，因此 1 h 将上传 10 条完整的 CNAV D2。根据本章方案，发送方使用两次 SM2 来发送完整的 CNAV D2，且每个 SM2 签名的长度均为 256 bit（见图 5-7）。因此，两个签名长度合计为 512 bit，每小时的签名长度为 5 120 bit=640 B。

下面分析验证过程使用不同的加密算法所消耗的额外时间，以 1 h 为单位对导航电文进行定量性能分析。性能测试分为以下三步。第一步，将 D2 导航电文分为 17 组数据，分别设置为 32 B、64 B、128 B、256 B、512 B、1 KB、2 KB、4 KB、8 KB、16 KB、32 KB、64 KB、128 KB、256 KB、512 KB、1 MB、2 MB。第二步，使用不同的加密算法对每组要签名的数据签名 1 000 次，然后重复 10 次。第三步，删除每组结果中的最大值和最小值，然后计算平均值并作为该组数据的测试结果。下面分别使用 ECDSA、RSA2048 和 SM2 加密相同数量的 D2 导航电文，然后分析三者的性能。由于数字签名包括哈希测试数据的过程，因此首先测试每种算法的哈希过程。对于 SM2，使用参考文献［5］中推荐的 SM3，另两种算法使用 SHA-256。密码性能算法的测试基于 OpenSSL 开源库，测试环境是在 Linux 中设置的，OpenSSL 版本为 1.1.1（LTS）。使用不同的哈希算法，比较 3 种算法的签名过程和验证签名过程的时间损耗，结果如图 5-13 所示。

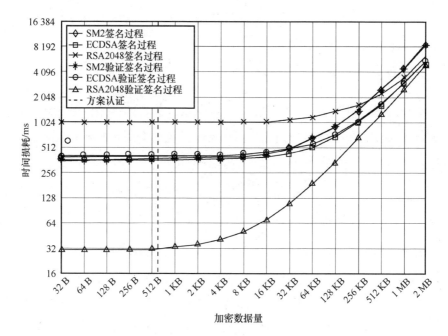

图 5-13　3 种签名算法签名过程和验证签名过程的时间损耗

　　就签名过程和验证签名过程的时间损耗而言，SM2 签名和验证签名的时间损耗比 ECDSA 略多。通常，SM2 和 ECDSA 具有相似的签名速度和验证签名速度。当数据量较小时，RSA2048 的验证签名速度高于 SM2 和 ECDSA，而 RSA2048 的签名速度低于 SM2 和 ECDSA。另外，随着数据量的增加，除了 SM2，其他算法的所有验证签名都收敛。这是因为除了 SM2，所有测试均使用 SHA-256，这表明在数据量很大的情况下，验证签名的时间损耗主要用于哈希处理。

　　为了进一步比较算法本身的性能，删除哈希过程，并比较 3 种算法的性能，如图 5-14 所示。

　　从图 5-14 中可以看出，在删除哈希过程后，SM2 的签名和验证签名速度均优于 ECDSA，而 RSA2048 花费的时间太长。可见，本章方案采用 SM 系列算法不仅可以消除国外密码算法的安全隐患，而且可以提高认证效率。

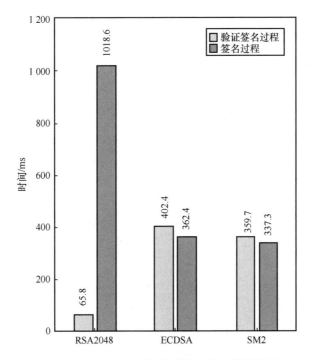

图 5-14　3 种无哈希过程的签名算法的性能比较

3. 认证率

3 种 CNAV 加密内容的认证错误率如图 5-15 所示。其中，认证错误率取决于 CNAV 在高斯白噪声干扰下的误比特率和认证比特数，认证比特数是根据表 5-2 中 CNAV 加密选择不同方案用于生成 MAC 的 CNAV 比特数得到的；A-1 对应 $MAC_{i-j}=0$；A-2 对应 $MAC_{i-j}=1$；A-3 对应 $MAC_{i-j}=2$。

3 种 CNAV 加密及未加密的认证错误率如图 5-16 所示。其中，NA-1 表示没有采用 $MAC_{i-j}=0$ 的导航电文加密方案，接收方选择 $MAC_{i-j}=0$ 时对应的导航电文参数进行定位的错误率；A-1 表示采用 $MAC_{i-j}=0$ 的 CNAV 加密方案时对应的认证错误率；NA-2 表示没有采用 $MAC_{i-j}=1$ 的 CNAV 加密方案，接收方选择 $MAC_{i-j}=1$ 时对应的导航电文参数进行定位的错误率；A-2 表示采用 $MAC_{i-j}=1$ 的 CNAV 加密方案时对应的认证错误率；NA-3 表示没有采用

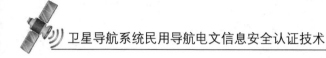

MAC$_{i\text{-}j}$=2 的 CNAV 加密方案，接收方选择 MAC$_{i\text{-}j}$=2 时对应的导航电文参数进行定位的错误率；A-3 表示采用 MAC$_{i\text{-}j}$=2 的 CNAV 加密方案时对应的认证错误率。

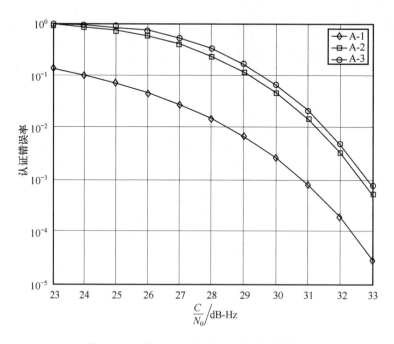

图 5-15　3 种 CNAV 加密内容的认证错误率

在正常情况下，接收方能够接收到的卫星信号载噪比约为 45 dB-Hz（本节中接收到 4 号卫星的平均载噪比为 44.6029 dB-Hz），从图 5-16 中可以看出，在 11 dB-Hz 损失（从约 44 dB-Hz 到 33 dB-Hz）的情况下，本章方案的认证错误率很低。

当 MAC$_{i\text{-}j}$=0 时，计算认证错误率和错误率所使用的认证比特数不同，NA-1 中只采用 64 bit 的导航电文参数作为认证比特数；A-1 中的认证比特数为 166 bit，包含 102 bit MAC 和 64 bit 导航电文参数；NA-2 中只采用 445 bit 导航电文参数作为认证比特数；A-2 中的认证比特数为 547 bit，包含 102 bit MAC 和 445 bit 导航电文参数；NA-3 中只采用 557 bit 导航电文参数作为认证比特数；A-1 中的认证比特数为 659 bit，包含 102 bit MAC 和 557 bit 导航电文参数。从图 5-16 可以看出，使用与未使用本章方案的错误率差别很小，说明方案本身给接收方带来的影响较小。

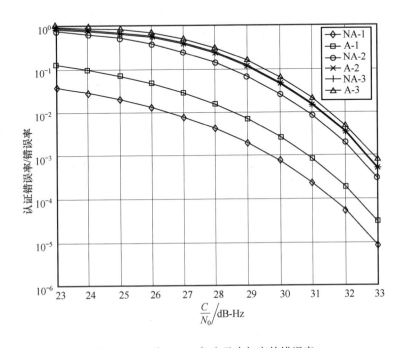

图 5-16 3 种 CNAV 加密及未加密的错误率

误比特率与认证率的关系如图 5-17 所示。其中，MAC&Key 表示由 MAC 和密钥传输错误导致认证失败的可能性；Data 表示由 B-CNAV 传输错误导致认证失败的可能性，导航电文数据选取的是 $MAC_{i-j}=3$ 时的情况；MAC 和 Key+Data 表示总的认证失败的可能性。总的认证率比 MAC 和 Key 和 Data 都低的原因是它是 MAC 和 Key 和 Data 两部分共同作用的结果。换句话说，只要 MAC 和 Key 和 Data 二者中有一个出错，就会导致认证失败。

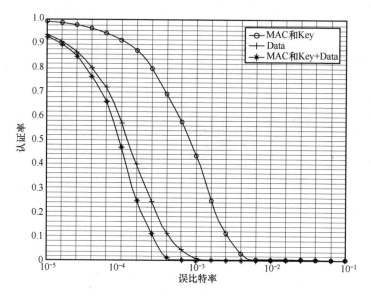

图 5-17　误比特率与认证率的关系

本节将本章方案与多位学者提出的针对导航系统抗欺骗的认证方案进行了比较，如表 5-11 所示。

表 5-11　不同 NMA 方案的比较

认 证 方 案	算　　法	抵抗生成式欺骗攻击	抵抗转发式欺骗攻击	抵抗多星欺骗
参考文献［1］	ECDSA	是	否	否
参考文献［2］	SM	是	是	否
参考文献［7］	ECDSA+TESLA	是	否	否
参考文献［10］	ECDSA+TESLA	是	否	否
本章方案	SM+TESLA	是	是	是

从表 5-11 可以看出，参考文献［1-2］中的方案分别使用了不同的密码算法。参考文献［2］中的方案之所以能够抵抗转发式欺骗攻击，是因为在每个时间段都有一些特殊的加密扩频码认证序列。本章方案的设计主要基于 SM 和 TESLA，避免了采用国外密码算法带来的安全风险；并利用 TELSA 实现了交叉识别，以抵抗多星欺骗。

5.4 小结

本章基于 CNAV D2 的重要定位参数，设计了一种基于国产密码和 TESLA 相结合的抗欺骗方案。该方案使用 SM2、SM3 和 TESLA 对 CNAV 进行加密和认证，以抵抗生成式和转发式欺骗攻击。性能测试数据表明，该方案不会对接收方和发送方产生过大的延迟；北斗二代 CNAV 可以实现较高的认证率，信噪比与实际情况相近。说明该方案性能良好，具有实际应用的可能性。总之，该方案为 BDS 抵抗欺骗攻击提供了新的思路。

本章参考文献

[1] WU Z J, LIU R S, CAO H J. ECDSA-based message authentication scheme for BeiDou-Ⅱ navigation satellite system[J]. IEEE Transactions on Aerospace and Electronic Systems, 2019, 55(4): 1666-1682.

[2] WU Z J, ZHANG Y, LIU R S. BD-Ⅱ NMA&SSI: an scheme of anti-spoofing and open BeiDou-Ⅱ D2 navigation message authentication[J]. IEEE Access, 2020(8): 23759-23775.

[3] 中国国家标准化管理委员会. GB/T 32918.1—2016 信息安全技术 SM2 椭圆曲线签名算法 第 1 部分: 总则[S]. 北京: 中国标准出版社, 2017.

[4] 中国国家标准化管理委员会. GB/T 32918.2—2016 信息安全技术 SM2 椭圆曲线签名算法 第 2 部分: 数字签名算法[S]. 北京: 中国标准出版社, 2017.

[5] 中国国家标准化管理委员会. GB/T 32905—2016 信息安全技术 SM3 密码杂凑算法[S]. 北京: 中国标准出版社, 2017.

[6] 中国卫星导航系统管理办公室. 北斗卫星导航系统: 空间信号接口控制文件(2.1 版)[Z]. 2016.

[7] 唐超, 孙希延, 纪元法, 等. GNSS 民用导航电文加密认证技术研究[J]. 计算机仿真, 2015, 32(9): 86-90, 108.

[8] FERNÁNDEZ-HERNÁNDEZ I, RIJMEN V, SECO-GRANADOS G, et al. A navigation message authentication proposal for the Galileo open service[J]. Navigation, 2016, 63(1): 85-102.

卫星导航系统民用导航电文信息安全认证技术

[9] RTCA Inc. Minimum operational performance standards for global positioning system/ satellite-based augmentation System Airborne Equipment: RTCA/DO-316[S]. USA RTCA Inc., 2009.

[10] YUAN M Z, LV Z C, CHEN H M, et al. An implementation of navigation message authentication with reserved bits for civil BDS anti-spoofing[C]//Proceedings of China Satellite Navigation Conference. Piscataway: IEEE Press, 2017: 69-80.

第 6 章
基于信息认证的北斗二代民用导航
电文信息抗欺骗方法

北斗二代民用卫星导航系统由于其 CNAV 中缺乏认证措施，面临严重的安全威胁，并容易遭到欺骗攻击的影响。为了应对这种威胁，本章提出了一种基于国产密码的抗欺骗方案（以下简称本章方案）。该方案产生两种类型的认证信息，一种是认证码信息，用于确认卫星时间信息的真实性和可靠性；另一种是签名，用于认证卫星位置信息和其他信息的完整性。两种认证信息都被设计为插入 CNAV 的保留位，而不需要更改帧结构。为了避免由公开密钥错误或密钥错误导致的身份认证失败，设计了公开密钥或密钥提示信息，旨在提醒接收方及时更新密钥。

6.1　基于加密算法的认证方案

为了使读者理解本章中的一些关键技术，表 6-1 给出了相关术语的缩略语及其含义。

表 6-1　关键技术相关术语的缩略语及其含义

缩　略　语	含　　义
CNAV D1	北斗 D1 民用导航电文
CNAV D2	北斗 D2 民用导航电文
SOW	周内秒计数

（续表）

缩　略　语	含　　义
BNI	基本导航信息
ACI	认证码信息
KMC	密钥管理中心
KPI	密钥保护信息
KPKPI	密（公）钥提示信息
KPKRI	密（公）钥相关信息
KPKUI	密（公）钥更新信息
SM2	公钥加密算法
SM3	哈希加密算法
SM4	对称加密算法

本章方案结合了两种加密算法，将带来更高的认证效率和更安全的加密技术。其基本原理是地面控制中心（GSC）通过与 KMC 协商，获得每个卫星加密数据的随机 SM4 密钥和有唯一标识标记的 SM4[1]密钥 ID。发送方使用 SM4 对 BDS 时间信息进行加密，然后使用 SM2[2-4]来保护 SM4 密钥。接收方在收到密文数据以及加密和受保护的密钥之后，使用 SM4 对 SM4 密钥进行解密，然后使用 SM4 密钥对加密的时间信息进行解密。每次纯文本加密使用随机 SM4 密钥时，SM4 密钥管理都不会出现问题。这种加密和解密的方法不仅可以确保数据的安全性，还可以提高加密和解密的速度。因此，本章方案主要保护 CNAV 中的时间信息和 BNI[5]，即时间信息受 SM4 保护，而 BNI 受 SM2 签名保护。

6.1.1　GMS 和 KMC 的设计框架

本小节从两个方面对 CNAV 进行认证，一个是卫星时间信息认证，另一个是卫星位置和辅助信息认证。为了保证认证过程中密钥和公钥的安全性，本章方案不仅完成了对 CNAV 的认证，还对密钥和公钥进行了安全认证。地面部分的设计框架如图 6-1 所示。

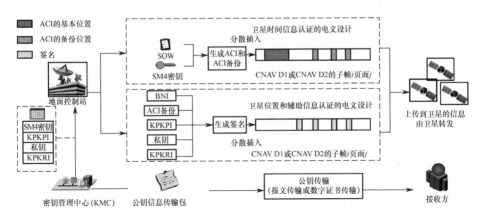

图 6-1　地面部分的设计框架

图 6-1 中，地面控制站负责生成 BNI、SOW 及其他卫星导航相关信息，并记录从卫星接收的 ACI 备份信息。KMC 主要负责 SM4 密钥、公钥、私钥、公钥传输包、KPI、KPKPI 和 KPKRI 的生成。公钥传输包中包含公钥和公钥 ID，通过北斗短报文和数字证书传输给接收方。KPI 是密钥被加密后的信息，通过 CNAV 传输给接收方，帮助接收方获取密钥。KPKRI 是一个信息包，其中包含了公钥 ID、密钥和密钥 ID。KMC 所生成的 KPKRI 和 KPKPI，以及地面控制站生成的 BNI 和记录的备份位置 ACI 会通过私钥生成签名。SOW 会通过 KMC 输出的密钥生成基本位置 ACI 和备份位置 ACI。基本位置 ACI、备份位置 ACI、签名、KPI、KPKPI、BNI、SOW 及其他卫星导航相关信息会通过卫星转发给接收方。接收方在接收到 CNAV 后，将进行 CNAV 认证。

6.1.2　接收方部分的设计框架

接收方部分的设计框架如图 6-2 所示。其中，CNAV 中的 KPI 是密文信息，可以通过短报文或数字证书更新的公钥 ID 进行解密，得到密钥及密钥 ID。密钥可以基于基本位置 ACI 及备份位置 ACI 对 SOW 进行认证，从而确认卫星时间信息真实连续。KPKPI 可以告知接收方是否需要更新密钥或公钥，以避免因为密钥或公钥错误而引发认证失败。KPKPI、备份位置 ACI、公钥 ID、密钥和密钥 ID 等信息称为辅助信息。辅助信息会与包含卫星位置信息的 BNI 一同通过公钥进行签名认证。这个认证过程称为卫星位置和辅助信息认证。当卫星位置和辅助信息认证成功时，说明接收方所接收的位置信息及所保留的相关密钥都是完整可靠的。综上可知，只有卫星时间信息及卫星位置和辅助信息都认证成功，才可以说明接收方所接收的 CNAV 没有遭受欺骗攻击及阻塞攻击的影响，这些信息可以用于未来的定位、授时等一系列服务。

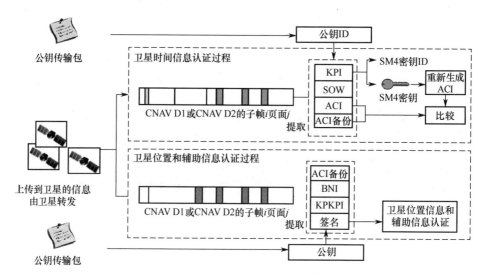

图 6-2　接收方部分的设计框架

6.2　北斗二代民用导航电文信息抗欺骗方案设计

基于 6.1 节对密码算法及北斗二代抗欺骗问题的分析，北斗二代导航系统抗欺骗方法主要基于卫星时间信息及卫星位置和辅助信息认证。当全部认证成功时，即可认为 CNAV 完整可靠。卫星时间信息的认证过程如图 6-3 所示。

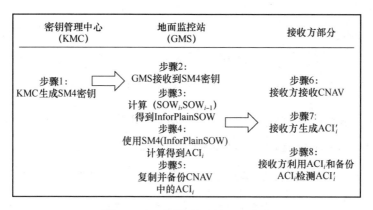

图 6-3　卫星时间信息的认证过程

图 6-3 以对每两个相邻子帧进行认证的示例给出了卫星时间信息的认证过程。将两个相邻的子帧生成一个 ACI 并将其插入当前子帧。另外，该子帧的 ACI 需要备份。ACI 需要以超帧作为一组单元进行备份。ACI 具体的备份位置如表 6-2 所示，该表也说明了 CNAV 时间信息认证中不同信息的长度和编排位置，为后续认证中密文提取提供了依据。

表 6-2　ACI 具体的备份位置

信息类别	项　　目	CNAV D1		CNAV D2
SM4 密钥	信息长度	256 bit		
ACI 备份		300 bit	180 bit	根据 ACI 备份的数量
KPKPI		28 bit		14 bit
SM4 密钥	信息编排的位置	子帧 5 页面 16 的 51～228 bit； 子帧 6 页面 17 的 51～228 bit		子帧 1 页面 2 的 151～186 bit； 子帧 1 页面 3 的 151～186 bit
ACI 备份		子帧 5 页面 11 的 51～228 bit； 子帧 5 页面 12 的 51～172 bit	子帧 5 页面 20 的 51～228 bit； 子帧 5 页面 21 的 51～52 bit	子帧 1 页面 4 的 135～142 bit； 子帧 1 页面 5 的 151～232 bit
KPKPI		子帧 5 页面 12 的 51～172 bit	子帧 5 页面 21 的 53～108 bit	子帧 1 页面 5 的 233～260 bit

图 6-3 中，步骤 1 为 KMC 生成 SM4 密钥；步骤 2 为 GMS 接收到 KMC 发送的 SM4 密钥；步骤 3 为根据SOW_{i-1}和SOW_i将两个相邻子帧的卫星时间

信息对 SOW 进行组合，以生成 SM4 的输入信息；步骤 4 为使用 SM4 生成子帧；步骤 5 为复制并备份 CNAV；步骤 6 为接收方从卫星接收 CNAV；步骤 7 为接收方重新生成信息；步骤 8 为接收方进行卫星时间信息认证。

假设 CNAV 在传输过程中没有发生错误，则步骤 8 中存在 4 种可能的情况，如表 6-3 所示。由于本节的假设在实际情况中是不可能的，因此接收方应根据自己的具体情况选择 ACI 和 ACI 备份信息进行卫星时间信息认证。

表 6-3　时间信息认证的可能情况

情　况	ACI	ACI 备份	Sign	结果（ACI/SM4 密钥）
S1	√	√	成功	没有欺骗/没有欺骗
S2	×	×	成功	没有欺骗/欺骗
S3	√	√	失败	其他信息被篡改
S4	×	×	失败	欺骗/欺骗

注：ACI 和 ACI 备份存在正确或不正确，"√"表示正确，"×"表示不正确；Sign 表示超帧中的签名信息。

CNAV D1 或 CNAV D2 卫星位置和辅助信息认证流程如图 6-4 所示。GMS 以特定方式生成签名，然后插入 CNAV D1 或 CNAV D2。签名的信息编排如表 6-2 所示。接收到签名后，接收方仅需要根据 GMS 的步骤重新生成签名，即可进行认证。

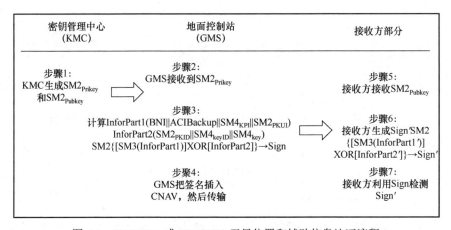

图 6-4　CNAV D1 或 CNAV D2 卫星位置和辅助信息认证流程

6.2.1　卫星时间信息认证

卫星时间信息认证采取错位认证的方法进行，即当前的密文不仅与本子帧的卫星时间信息有关，也与上一子帧的卫星时间信息有关。这样做一方面可以对信息的真实性进行认证，从而保证当前信息是真实可靠的；另一方面可以对信息的连续性进行认证，从而检测接收方在接收信息时是否发生阻塞，并判断接收方是否有可能遭受欺骗攻击。卫星时间信息认证的生成使用 SM4 计算。SM4 密钥的设计和传输介绍如下。

1. SM4 密钥的设计

SM4 密钥的设计如式（6-1）所示。

$$SM4_{key}(g_1 \| g_2 \| g_3 \| g_4 \| InforRe \| InforFil)_{128\,bit} \qquad (6\text{-}1)$$

式中，$SM4_{key}$ 表示 SM4 密钥；‖是信息不同部分的串联；$g_1 \sim g_4$ 是 4 组提取位信息，每组信息的长度为 7 bit，$g_1 \sim g_4$ 可以提取由 SM4 密钥加密的卫星时间信息的密文信息作为验证码，并使用 4 bit 验证码对卫星时间信息进行验证；InforRe 是剩余的未定义导航信息；InforFil 是长度为 64 bit 的未定义填充信息。

SM4 密钥的前 28 bit 是 4 组提取位信息。由于在 B-CNAV 中分配给某些子帧的保留位较少，因此该方法提取 4 bit 信息作为身份认证码（提取位信息或 ACI），并将其插入 CNAV 以发送给接收方。该方法的具体实现是将每组 7 bit 提取位信息从二进制转换为十进制（0～127），以使这 7 bit 信息可以提取与 128 bit 密文信息相对应的位。通过这 7 bit 信息可知在 128 bit 密文信息中提取哪些位作为认证码。因此，4 组提取位信息就可以确定具体认证码。SM4 密钥的低 88 bit 是填充信息，可用于卫星时间信息加密。

2. SM4 密钥的传输

SM4 密钥是一组 128 bit 随机数，由地面控制站确定。一般而言，所有卫星在相同时间段内传输相同的密钥。SM4 密钥在 CNAV 中通过密文传输，该密文也称密钥保护信息，长度为 256 bit。

SM4 密钥保护方法是将 SM4 密钥通过 SM4 加密传递两次，以生成包含 SM4 密钥的密文。GMS 将包含 SM4 密钥的密文插入导航电文信息进行传输。对应于密文的明文格式为

$$\text{InforPlain}_{SM4}(\text{SM4}_{key} \parallel \text{SM4}_{ID}^{j} \parallel \text{InforFil})_{256\ bit} \tag{6-2}$$

式中，SM4_{ID}^{j} 为第 j 个 SM4 密钥的 ID。生成的密文通过 CNAV 的保留位发送。

接收方收到包含密文的 CNAV 后，根据表 6-2 给出的位置提取 CNAV 中的密文。当接收方提取密文后，通过循环填充方法使用其保存的公开密钥 ID 生成解密密钥，完成密文解密。接收方将使用解密密文得到的 SM4 密钥和 SM4 密钥 ID，完成下一个超帧中的卫星时间信息认证。

3. ACI 的插入位置

为了保证时间 ACI 可以被及时认证，ACI 插入的位置是极其关键的。ACI 插入的基本位置如图 6-5 所示。

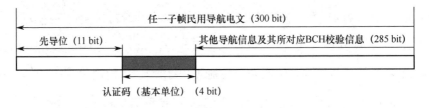

图 6-5 ACI 插入的基本位置

由图 6-5 可见，在北斗二代 CNAV 中，任一子帧前端都拥有 4 bit 保留位，具体位置为每个子帧的 12～15 bit，认证码可以插入这些位置。这些位置

被称为基本位置。虽然基本位置的认证码方便接收方的提取，但是基本位置缺乏校验码的保护，很有可能会受噪声的影响，导致接收方获得错误的认证结果。因此，当噪声较小时，采用基本位置认证码可以保证认证效果；当噪声较大时，认证码需要备份校准。在 CNAV D1 中，认证码的备份位置可以选择子帧 5 中某些页面的保留位。

CNAV D1 的子帧 5 的页面 11～24 拥有 178 bit 保留位。因此，可以在子帧 5 的页面 11～24 中添加备份 ACI。此外，考虑到 CNAV D2 的所有子帧 1 的低 150 bit 均为保留位，CNAV D2 的备份 ACI 可以添加到子帧 1 中。由于 CNAV D1 和 CNAV D2 的信息结构不同，因此备份 ACI 占用的保留位也不同。

发送方使用子帧交织来生成 ACI。在生成 ACI 的过程中，发送方将当前子帧的卫星时间信息与前一子帧的卫星时间信息和填充信息合并为纯文本。该明文的格式为

$$\text{InforPlain}_{\text{SOW}}(\text{SOW}_{i-1} \| \text{SOW}_i \| \text{InforFil})_{128\,\text{bit}} \tag{6-3}$$

式中，SOW_{i-1} 是前一子帧的时间信息，SOW_i 是当前子帧 i 的时间信息，长度均为 20 bit；InforFil 是 88 bit 未定义的填充信息。通过 SM4 生成密文，然后从 SM4 密钥的 4 组信息中提取 4 bit 代码生成 ACI。

ACI 插入 CNAV 的位置不同，本节将 ACI 分为基本位置 ACI 和备份位置 ACI。基本位置 ACI 是插入图 6-5 中基本位置的 ACI。备份位置 ACI 是插入表 6-2 中位置的 ACI，并以 4 bit 为周期重复。

4. 密（公）钥提示信息

为了避免接收方因为密钥错误或公钥错误而引发认证失败，本章方案在导航电文中设计了 KPKPI，以提醒接收方及时更新密（公）钥。密钥提示信

息包括密钥 ID 的低有效位信息和密钥更新信息；公钥提示信息包括公钥 ID 的低有效位信息和公钥更新信息。这些信息的插入位置如表 6-2 所示。密（公）钥更新信息为 1111 时，KPKPI 的结构如图 6-6 所示。

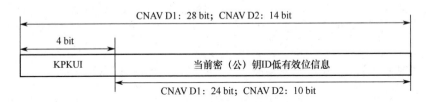

图 6-6　KPKUI 为 1111 时，KPKPI 的结构

由于 CNAN 中保留位的数量有限，因此 KPKPI 中仅保留了密（公）钥 ID 的最低有效位。如图 6-6 所示，KPKUI 总共包含 4 bit 信息。密（公）钥 ID 的最低有效位信息由 CNAV 的类型确定。

5 种 KPKUI 的含义如下：1111 表示下一个超帧认证所需的密（公）钥与当前密（公）钥相同，全部长度的信息都保留当前密（公）钥 ID 的低有效位信息；1000 表示下一个超帧认证所需的密（公）钥与当前密（公）钥相同，但未来第 4 个超帧所需的密（公）钥与当前密（公）钥不同；0100 表示下一个超帧认证所需的密（公）钥与当前密（公）钥相同，但未来第 3 个超帧所需的密（公）钥与当前密（公）钥不同；0010 表示下一个超帧认证所需的密（公）钥与当前密（公）钥相同，但未来第 2 个超帧所需的密（公）钥与当前密（公）钥不同；0001 表示下一个超帧认证所需的密（公）钥与当前密（公）钥不同。在后 4 种情况下，一半长度的信息保留当前密（公）钥 ID 的低有效位信息，另一半长度的信息保留未来变化的密（公）钥 ID 的低有效位信息。

当 KPKUI 不为 1111 时，为了帮助接收方确认所更新的密钥是否准确，密（公）钥 ID 将添加未来密钥 ID 的低有效位信息。此时，KPKPI 的结构如图 6-7 所示。

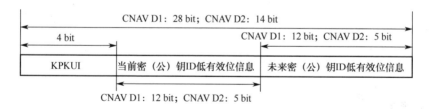

图 6-7　KPKUI 不为 1111 时，KPKPI 的结构

当 KPKUI 不为 1111 时，密（公）钥 ID 的低有效位信息包含当前密（公）钥 ID 的低有效位信息及未来密（公）钥 ID 的低有效位信息。根据 CNAV 的不同类型，在 CNAV D1 中，当前密（公）钥 ID 的低有效位信息与未来密（公）钥 ID 的低有效位信息均为 12 bit，KPKPI 整体为 28 bit；在 CNAV D2 中，当前密（公）钥 ID 的低有效位信息与未来密（公）钥 ID 的低有效位信息均为 5 bit，KPKPI 整体为 14 bit。

当接收方发现 KPKUI 发生变化时，可以通过不同的方式更新自身的密钥或公钥信息。密钥信息的更新可以通过在对未来密钥更新信息为 0001 或 1111 的超帧中提取如表 6-4 所示位置的密文信息，通过公钥 ID 解密，即可得到新的密钥 ID 及密钥。公钥的更新可以通过数字证书或短报文获取。当密钥或公钥更新完成后，接收方通过将未来 SM4 密钥 ID 或未来 SM2 公钥 ID 与获取的 SM4 密钥或 SM2 公钥进行比对，来确定所获取的密钥或公钥是否为最新的。此外，SM4 密钥与 SM2 公钥的更新可以是不同步的。地面控制站可以控制 SM4 密钥的更新和 SM2 公钥的更新。

表 6-4　不同明文信息的位置（签名长度：512 bit）

信 息 类 型	CNAV D1		CNAV D2
签名	子帧 5 页面 14 的 51～228 bit； 子帧 5 页面 15 的 51～206 bit	子帧 5 页面 22、23 的 51～228 bit； 子帧 5 页面 24 的 51～206 bit	子帧 1 页面 6～9 的 51～206 bit、页面 10 的 151～222 bit

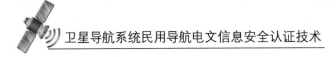

（续表）

信息类型	CNAV D1		CNAV D2
BNI	子帧 5 页面 12 所对应的主帧	子帧 5 页面 21 所对应的主帧	子帧 1 的页面 9、10
ACI 备份	子帧 5 页面 11 的 51～228 bit；子帧 5 页面 15 的 51～172 bit	子帧 5 页面 20 的 51～228 bit；子帧 5 页面 21 的 51～52 bit	子帧 1 页面 4 的 135～142 bit、151～260 bit，页面 5 的 151～232 bit
KPKPI	子帧 5 页面 12 的 173～228 bit	子帧 5 页面 21 的 53～108 bit	子帧 1 页面 5 的 233～260 bit

6.2.2　卫星位置和辅助信息认证

为了避免因欺骗方随意修改相关认证信息而导致认证失败，本章方案在对卫星位置信息进行认证的同时，也会对辅助信息进行完整性认证。地面控制站生成签名时包括两部分信息：第一部分信息和第二部分信息。在对第一部分信息和第二部分信息进行异或后，通过 SM2 生成签名。第一部分信息包含的内容为

$$\text{InforPart1}(BNI\|ACI_{backup}\|SM4_{KPI}\|SM2_{PKUI}) \qquad (6\text{-}4)$$

式中，BNI 表示基本导航信息；ACI_{backup} 表示备份 ACI；$SM4_{KPI}$ 表示 SM4 密钥保护信息（KPI）；$SM2_{PKUI}$ 表示 SM2 公钥更新信息（PKUI）。

第二部分信息包含的内容为

$$\text{InforPart2}(SM2_{PKID}\|SM4_{keyID}\|SM4_{key}) \qquad (6\text{-}5)$$

式中，$SM2_{PKID}$ 表示 SM2 公钥 ID；$SM4_{keyID}$ 表示 SM4 密钥 ID。

签名生成过程为

$$\text{SM2}[\{SM3(\text{InforPart1})\} \text{ XOR } \{\text{InforPart2}\}] \rightarrow \text{Sign} \qquad (6\text{-}6)$$

首先组合第一部分信息，如图 6-8 所示，然后通过 SM3 [4]生成第一部分信息的摘要值。

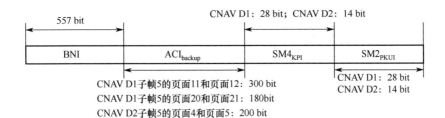

图 6-8 第一部分信息的组合

接收方将在完成上述处理后获得 256 bit 摘要值。为了提高辅助信息认证过程的安全性,摘要值需要与第二部分信息(SM2 公开密钥 ID、当前超帧认证所需的 SM4 密钥及其 ID)进行异或,即从左到右将 SM3 生成的 256 bit 摘要信息与 256 bit 第二部分信息进行异或。异或运算的结果称为携带密钥信息的摘要值。该摘要值通过 SM2 生成长度为 512 bit 的签名。发送方将 512 bit 签插入 BD-CNAV。

一旦接收到 CNAV,接收方就将基于以下两种信息对签名进行认证:一种是当前超帧身份认证所需的 SM4 密钥及其 ID,另一种是通过短报文或数字证书获得的 SM2 公钥及其 ID。

接收到 CNAV 后,接收方提取签名,并根据提取位置的不同提取对应的 ACI 备份、BNI 和 KPKPI。提取的信息根据图 6-8 进行组合。组合后的信息通过 SM3 计算摘要值。另外,接收方将保留的 SM2 公开密钥 ID、SM4 密钥及其 ID 进行组合,组合的结果与 SM3 生成的摘要值进行 XOR 运算。接收方将通过 XOR 运算获得的公钥及接收到的 CNAV 的签名用 SM2 进行认证。

6.2.3 认证的整体过程

本章方案的导航电文认证过程如代码 6-1 所示。当接收方拥有密钥与公钥,并接收到连续的导航电文之后,首先进行签名认证,若签名认证不成功,则说明该信息是欺骗信息,将删除相关 CNAV;若签名认证成功,则持续进行卫星时间信息认证。若某一时刻卫星时间信息认证不成功，那么卫星导航信号可能遭遇阻塞，该信息有被欺骗的可能性，卫星时间信息的认证需要重新跳回签名认证过程；若卫星时间信息认证成功，则要检测 BNI 是否发生变化。根据控制接口文件可知，BNI 至少 1 h 更新一次。如果 BNI 更新，则需跳回签名认证过程；如果基本导航信息不更新，就需要检测 CNAV 的 SM2 公钥更新信息与 SM4 密钥更新信息是否从 1111 开始变化。

代码 6-1　导航电文认证过程

输入　satelliteInfo
输出　AuthResult

```
1. while StopRecvFlag = false do
2.   if signatureAuth(satelliteInfo.r, satelliteInfo.s) then
3.    if timeAuth then
4.     if BNI == BNI' then
5.      if SM2KeyUpdateInfo == 1111 then
6.       if SM4KeyUpdateInfo == 1111 then
7.        satelliteInfo is ture and continuous
8.       else
9.        DecryptFutSM4(satelliteInfo.PrivateKey)
10.       end if
11.      else
12.       UpdateSM2PublicKey(satelliteInfo.PublicKey)
13.      end if
14.     end if
15.    else
16.     alert(Jamming or Spoofing)
17.    end if
18.   else
19.   deleteInfo(satelliteInfo)
20.   break
21.  end if
22. end while
```

代码 6-1 中，输入接收方接收到的 CNAV、密文信息和公钥（satelliteInfo），输出接收方的认证结果（AuthResult）。其中，StopRecvFlag 是停止接收卫星信息；signatureAuth 是签名认证，该功能输入的是从 CNAV 中提取的签名（satelliteInfo.r，satelliteInfo.s）；timeAuth 是时间验证功能；SM2KeyUpdateInfo 是 SM2 公钥更新信息；SM4KeyUpdateInfo 是 SM4 密钥更新信息；DecryptFutSM4 是对 SM4 密钥更新信息为 0001 或 1111 的超帧信息进行解密，该功能输入的是 SM4 密钥；UpdateSM2PublicKey 用于更新 SM2 公钥，该功能输入的是更新后的公钥，然后再次执行签名认证。警报用于提醒接收方接收到的信息可能是欺骗信息。

当卫星时间信息认证成功后，如果接收方发现 SM2 公钥更新信息发生变化，则 SM2 公钥需要通过数字证书或短报文进行更新，更新完成后跳回签名认证过程。如果接收方发现 SM4 密钥更新信息发生变化，则需要解密未来 SM4 密钥更新信息为 0001 或 1111 所对应的超帧的密文信息。当信息解密完成后，需要跳回签名认证过程。如果接收方所接收的 SM2 公钥更新信息与 SM4 密钥更新信息都保持为 1111，则说明当前信息真实可靠。在这种情况下，若未来该卫星的 CNAV 中 BNI 未发生变化且 SM4 密钥和 SM2 公钥更新信息为 1111，则接收方只需对卫星时间信息进行认证；否则，接收方需重新进行签名认证。

6.3　仿真实验与结果分析

CNAV 抗欺骗仿真方案的总体结构如图 6-9 所示，包括 3 个模块：信息生成模块、信息传输模块及信息认证模块。

信息生成模块主要包含 3 个任务：生成密钥；基于 4 号及 14 号卫星的 CNAV，通过密码算法生成签名及 ACI，并将其插入 CNAV 的保留位，生成

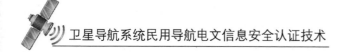

本章方案所设定的带有认证功能的 CNAV；生成带有认证功能的加密短报文，并将公钥传输给接收方。

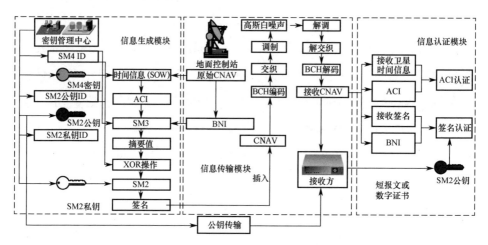

图 6-9　CNAV 抗欺骗攻击仿真方案的总体结构

信息传输模块，首先将带有认证功能的 CNAV 与带有欺骗信息的 CNAV 进行 BCH 编码、交织和调制；其次对调制的信号添加高斯白噪声干扰；最后对干扰后的信号进行解调、解交织、BCH 解码。

信息认证模块，首先对纠错后的 CNAV 进行认证，检测接收到的 CNAV 是否为欺骗信息；其次对本章方案的认证时间及认证率进行分析；最后将本章方案与其他同类方案进行比较分析。

6.3.1　仿真环境

为了便于对后续的类似工作进行比较和分析，本节仿真实验中使用的参数与参考文献［6-7］中的计算机、接收器类型、天线类型等的参数相同。仿真实验设备参数如表 6-5 所示。仿真实验中主要使用两台计算机，计算机 1 通过 Visual Studio 中的 OPENSSL 数据库来模拟密码程序，计算机 2 通过 MATLAB 对 BD-CNAV 的发送和接收过程进行仿真。接收方同时接收 4 号和 14 号卫星的信息。两颗卫星的平均 CNR 分别为 44.6029 dB 和 43.8348 dB。

4 号卫星广播 CNAV D2，14 号卫星广播 CNAV D1。这两颗卫星的 CNAV 将作为原始数据，以产生具有认证功能的 CNAV。

表 6-5　仿真实验设备参数

设 备 类 别	参　　　　数
实验时间	2018 年 10 月 12 日 4 时至 2018 年 10 月 13 日 8 时
实验地点	中国天津
接收天线	GPS-703-GGG NovAtel
接收方	FlexPak6 NovAtel
计算机 1	Pentium(R)Dual-Core CPU T4500，2.30 GHz/3 GB RAM
计算机 2	Intel(R) Core (TM) CPU I7-6700HQ，2.59 GHz/32 GB RAM
操作系统	Ubuntu 18.04
处理器	Intel(R) Core (TM) CPU I7-6700HQ
RAM	16.00 GB/2.59 GHz
OpenSSL 版本	1.1.1
Compiler 版本	GCC 7.3.0
实验设置	CNAV 主帧的长度

SM 系列密码算法的性能测试基于 OpenSSL 开源库。尽管 OpenSSL 是跨平台的开放源代码库，但它已广泛应用于 Internet Linux 系统服务器，因此在 Linux 中也选择了该测试环境。

6.3.2　实验结果分析

在实验过程中，通过模拟多个超帧的 CNAV（其中包含真实的 CNAV 和虚假的 CNAV）的传输来检测本章方案是否可以验证信息的真伪。实验结果主要分析认证时间和认证率。

1. 认证时间

在 6.2 节提出的 CNAV D2 认证方案中，采用 SM4 对卫星时间信息进行加密和 SM2 对卫星位置和辅助认证信息进行加密。这是一种混合加密方案。为了更好地进行性能比较分析，在实验中，将该混合方案与 SM2 和 SM4 单独加密方案分别进行了比较。

卫星时间信息和位置信息具有不同的更新速度，且信息的长度不同。根据 BD-ICD 中的描述，卫星位置信息的大部分更新周期是 1 h，这比卫星时间信息的更新速度要慢。SM4 具有快速的身份认证速度和每次较少的加密信息量，因此本章方案使用 SM4 对卫星时间信息进行加密。对应于 SM2（以下 SM2 专门指 SM2 签名算法），其认证速度较慢，每次加密的信息量较大，所以本章方案使用 SM2 对卫星位置信息进行加密。本小节利用这两种算法来保护混合加密方案的加密内容，以达到扩展实验内容的目的，并进一步解释为什么使用 SM2 和 SM4 混合加密来保护北斗信息。表 6-6 给出了 CNAV D1 和 CNAV D2 身份认证信息的子帧数，以及密码算法用于不同加密方案的次数。基于这些内容，本节计算使用不同的加密方案对 CNAV D1 或 CNAV D2 超帧导航信息加密 2 000 次的计算成本。

表 6-6　不同密码算法的不同加密方案比较

导航信息类型	子　帧　数	加密卫星时间信息、卫星位置和辅助信息的比特数				
			SM2		SM4	SM2 和 SM4
CNAV D1	120	总比特数	情况 1	情况 2	45 952	46 208
			46 080	3 072		
		SM2 的使用频率	90	6	0	1
		SM4 的使用频率	0		359	357
CNAV D2	600	总比特数	SM2		SM4	SM2 和 SM4
			情况 1	情况 2	230 272	230 528
			307 200	12 800		
		SM2 的使用频率	600	25	0	1
		SM4 的使用频率	0		1 799	1 797

定义 CNAV D1 或 CNAV D2 超帧中信息加密的总比特数为

$$Total = 512\ Fre_{SM2} + 128\ Fre_{SM4} \tag{6-7}$$

在本章方案中，SM4 用于加密 2 个相邻子帧的卫星时间信息。由于每 2 个子帧需要使用 1 次 SM4 来保护卫星时间信息，因此在 CNAV D1 或

CNAV D2 超帧中仅卫星时间信息被加密的次数就分别为 119 和 599。在这两种情况下，SM2 的使用频率如表 6-6 所示。

本小节对 SM2 和 SM4 进行了性能测试。对于 SM2，使用参考文献［2-3］中指定的曲线。对于 SM4，使用参考文献［1］中 128 bit 密钥的 SM4-OFB 加密模式进行测试。将要加密的 CNAV 的数据量分别设置为 32 B、128 B、256 B、512 B、1 KB、2 KB、4 KB、8 KB、16 KB、32 KB、64 KB、128 KB 和 256 KB。每组要测试的数据都以超帧为单位排列。测试步骤如下：首先，提取接收到的 CNAV，并根据 CNAV 的类型将其分为超帧；其次，将要测试的每组数据加密并解密 2 000 次，重复 10 次；最后，删除每组测量结果中的最大值和最小值，求取平均值并作为该组数据的测量结果。两种加密算法的加密和解密时间比较如图 6-10 所示。

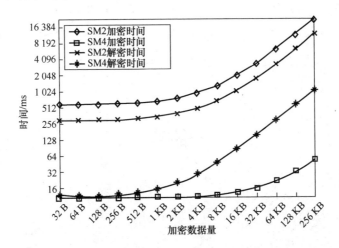

图 6-10　两种加密算法的加密和解密时间比较

从图 6-10 中可以看出，每种加密算法的加密或解密时间都随着数据量的增加而呈指数级增长。此外，在数据量相同的情况下，可以得出以下 3 个结论：一是 SM2 的加密时间比解密时间长；二是 SM4 解密时间逐渐大于加密时间；三是在相同条件下，无论是加密还是解密，SM4 的所用时间几乎都是 SM2 的千分之一。

当加密和解密 1 000 个 CNAV D1 或 CNAV D2 时，6 种方案的认证时间如图 6-11 所示。从图 6-11 中可以看出，认证时间与 CNAV D1 或 CNAV D2 的加密方案有关，SM4 单独加密方案的认证时间最少。另外，SM2 单独加密方案的认证时间最多，这与密码算法有关。以上结论与对称加密算法和非对称加密算法的分析是一致的。如果采用 SM4 单独加密方案，尽管可以大大减少认证时间，但安全性可能不如使用 SM2 单独加密方案高。因此，本小节提出了 SM2 和 SM4 混合加密方案。混合方案与采用 SM2 单独加密方案具有相同的安全性，并减少了认证时间。与 SM2 单独加密方案相比，混合加密方案的认证时间如下：对于 CNAV D1，比采用 SM2 单独加密方案减少 10 ms；对于 CNAV D2，比采用 SM2 单独加密方案减少近 110 ms；对于 CNAV D2，比采用 SM2 单独加密方案减少近 60 ms。根据 BD-ICD，混合加密方案发送 CNAV D1 的次数和速率比 CNAV D2 小得多，因此使用混合加密方案，对 CNAV D1 的性能改进并不比 CNAV D2 明显。从这个角度来看，如果发送方在特定的时间段内使用混合加密方案，则北斗二代 CNAV 的性能将大大提高。

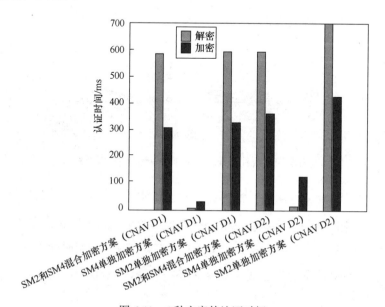

图 6-11　6 种方案的认证时间

2. 认证率

本章方案中不同认证方式的认证率都与电文信息内容的准确接收相关。因此，通过不断加大噪声功率，进一步检测卫星信号在正常噪声环境中，甚至在北斗用户终端性能要求所规定的噪声环境中，本章方案中各种认证方式的性能。通过在不同的信噪比下进行上万次的重复实验，不同认证方式的 CNAV D1 的认证率和 CNAV D2 的认证率分别如图 6-12 和图 6-13 所示。

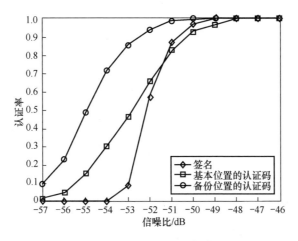

图 6-12　CNAV D1 的认证率

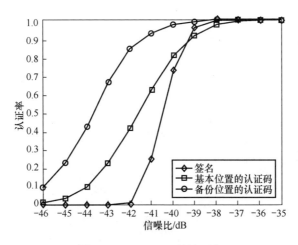

图 6-13　CNAV D2 的认证率

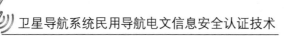

从图 6-12 和图 6-13 可以看出，在正常的噪声环境中，采用不同认证方式的 CNAV D1 和 CNAV D2 的认证率均可达到 1.0。通常，CNAV D1 比 CNAV D2 具有更高的抗噪性。出现上述现象的原因是 CNAV D2 在调制过程中增加了 NH 调制。在某些认证方式中，将保持认证率为 1.0 的最低 SNR 称为 SNR 容纳下限。

考虑到北斗二代 CNAV 中 BNI 的更新周期至少为 1 h，当 BNI 成功通过一次身份认证后，接收方只需要使用该 BNI 进行更新期间的定位即可，而不需要对 BNI 再进行身份认证。因此，即使签名的认证率略低于 1.0，接收方也可以认为认证成功。由于基本位置的认证码的 SNR 容纳下限太高，因此将签名的认证率 P_1 和备份位置的认证码的认证率 P_2 结合在一起，如式（6-8）所示，以进一步优化与北斗二代 CNAV 对应的计算方法的整体认证率。

$$P_{d} = \begin{cases} 1, & P_1 P_2 \geqslant P_{th} \\ P_1 P_2, & 其他 \end{cases} \tag{6-8}$$

实验中，阈值分别设置为 1.000、0.995 和 0.990。不同阈值下的认证率如图 6-14 所示。从图 6-14 可以看出，阈值越低，SNR 越低，其容纳下限也越

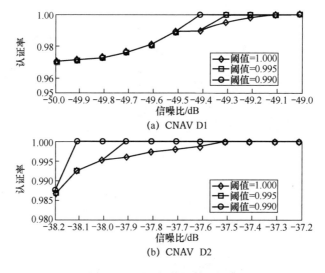

图 6-14　不同阈值下的认证率

低。本节选择阈值为 0.995 的认证率曲线作为北斗二代 CNAV 的总体认证率曲线。这是为了避免因阈值设置得太低而发生泄露警报的情况。在实际中，接收方可以根据自身的安全要求和所处环境的噪声特性合理调整阈值。

6.3.3　比较分析

除了本章方案，也有相关学者提出了基于 NMA 的认证方法。本章方案与 Wesson 等人[6]和 Wu 等人[7]提出的方法的性能比较如表 6-7 所示。Wesson 等人[6]和 Wu 等人[7]提出的方法主要基于 ECDSA 进行抗欺骗设计，而本章方案主要是基于国产密码进行抗欺骗设计，避免了采用国外密码引发的安全隐患。此外，本章方案考虑了密钥的更新过程进行，可避免因为密钥变化而造成认证失败。若合理调整本章方案中的 SM4 密钥更新周期，则可以通过检测认证码或签名来检测转发式欺骗攻击。在这点上，另两种方法均不能实现。这是因为 Wesson 等人[6]的方法对所有导航信息都进行认证，在高功率噪声环境中，所有导航信息比单一类型的导航信息（如 BNI、SOW 信息等）更容易出现误码，从而导致认证失败。因此，该方法不适合在高功率噪声环境中使用。对于 CNAV D1 和 CNAV D2，与 Wu 等人[7]的方法相比，本章方案具有更低的 SNR 容纳下限。另外，本章方案还可以根据接收方的环境进一步调整阈值，以增强对环境的适应性。

表 6-7　3 种方法的性能比较

认证方法	卫星导航系统	加密算法	认证方法	保护的信息类型	密钥（公钥）更新提醒	密钥传输的保护	可抵抗生成式欺骗攻击	可抵抗转发式欺骗攻击	SNR 容纳下限/dB	
									CNAV D1	CNAV D2
Wesson 等人提出[6]	GPS	ECDSA	NMA	全部导航信息	无	没有提到	是	否	−46.22	−35.63
Wu 等人提出[7]	BeiDou-II	ECDSA	NMA	BNI	无	对称/非对称加密	是	否	−49.01	−37.01
本章方案	BeiDou-II	SM2、SM3、SM4	NMA 和 MAC	SOW、BNI	有	数字签名、SM3、SM4	是	是	−49.32	−37.91

6.4　小结

由于欺骗攻击的威胁，北斗二代接收方接收到的 CNAV 存在很大的安全隐患，进而可能影响接收方输出的定位结果。基于此，本章对北斗二代 CNAV 中与定位有关的卫星时间信息及卫星位置和辅助信息进行设计和验证，并通过设计 KPKPI 方法来避免由密钥或公钥错误而导致的接收方验证失败。仿真实验表明，本章方案不会过多地影响发送方的正常信息传输，而且噪声对认证率的影响较小，可以成功抵抗欺骗攻击。

本章参考文献

[1] 中国国家标准化管理委员会. GB/T 32907—2016 信息安全技术　SM4 分组密码算法[S]. 北京: 中国标准出版社, 2017.

[2] 中国国家标准化管理委员会. GB/T 32918.1—2016 信息安全技术　SM2 椭圆曲线签名算法 第 1 部分: 总则[S]. 北京: 中国标准出版社, 2017.

[3] 中国国家标准化管理委员会. GB/T 32918.2—2016 信息安全技术　SM2 椭圆曲线签名算法 第 2 部分: 数字签名算法[S]. 北京: 中国标准出版社, 2017.

[4] 中国卫星导航系统管理办公室. 北斗卫星导航系统: 空间信号接口控制文件(2.1 版)[Z]. 2016.

[5] 中国国家标准化管理委员会. GB/T 32905—2016 信息安全技术　SM3 密码杂凑算法[S]. 北京: 中国标准出版社, 2017.

[6] WESSON K, ROTHLISBERGER M, HUMPHREYS T. Practical cryptographic civil GPS signal authentication[J]. Navigation, 2012, 59(3): 177-193.

[7] WU Z J, LIU R S, CAO H J. ECDSA-based message authentication scheme for BeiDou-II navigation satellite system[J]. IEEE Transactions on Aerospace and Electronic Systems, 2019, 55(4): 1666-1682.

第 7 章
基于 NMA 和 SSI 的北斗二代民用
导航电文信息认证方案

本章提出一种使用 SM 系列密码算法和扩频信息来抵抗欺骗攻击的北斗二代导航电文认证（Navigation Message Authentication，NMA）和扩频信息（Spread Spectrum Information，SSI）方案（以下简称本章方案）。SM 系列密码算法用于生成认证信息来检测欺骗攻击，扩频信息用于保护 CNAV D2 不被篡改。仿真实验结果表明，本章方案保证了北斗二代 CNAV 的真实性，同时满足了接收方抗欺骗的需求。此外，本章方案对导航系统的修改程度较小。

7.1 抗欺骗方案设计

由于 GNSS 的信号参数和信息结构已向公众开放，因此欺骗方很可能伪造民用卫星导航信号。欺骗方可以发起欺骗攻击，以影响甚至控制接收方的定位结果。欺骗过程如图 7-1 所示[1]，具体步骤介绍如下。

步骤 1 欺骗方和接收方都接收来自卫星的信号。在分析卫星信号之后，欺骗方产生欺骗信号。

步骤 2 为了更有效地欺骗接收方，欺骗方逐渐调整欺骗信号的伪噪声

（Pseudo Noise，PN）码相位和欺骗信号载波相位，并逐渐增大欺骗信号的幅度。

步骤 3　欺骗方产生阻塞信号，迫使接收方重新获取卫星信号。由于接收方接收的欺骗信号的功率大于真实卫星信号的功率，因此接收方认为欺骗信号是真实卫星信号并接收它，而真实卫星信号被认为是多径干扰信号而不被捕获。欺骗方逐渐控制接收方的锁相环，并控制接收方的定位结果[2]。

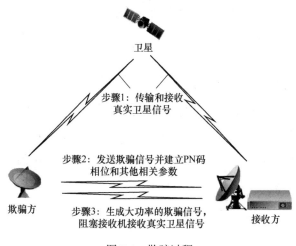

图 7-1　欺骗过程

7.1.1　欺骗攻击分析

目前常见的欺骗攻击是转发式欺骗攻击和生成式欺骗攻击[3-4]。

转发式欺骗攻击是指欺骗方进行非实时卫星信号的大功率广播，从而影响接收方的定位结果。这种攻击主要是干扰接收方，实施的方式需要仔细设计，以提高欺骗攻击成功的可能性。

生成式欺骗攻击的欺骗信号由欺骗方自身生成。根据接口控制文件（Interface Control Document，ICD）[5]中的民用信号参数和 CNAV 结构，欺骗方可以轻松生成欺骗信号。欺骗方以隐藏的方式抑制真实卫星信号，并引诱目标接收方从正常导航路线偏离到欺骗路线。生成式欺骗攻击最显著的特征是隐藏。一般干扰会降低导航服务的准确性，而在欺骗攻击下，导航精度并没有降低，这使得接收方难以检测和抵抗欺骗攻击[6]。

图 7-1 所示的欺骗攻击也可以分为单星欺骗和多星欺骗，其含义和分类如表 7-1 所示。而本章所设计的方案主要针对同一单星欺骗。

表 7-1　单星欺骗和多星欺骗的含义和分类

分　类		含　义
单星欺骗	同一单星欺骗	欺骗方所伪造的卫星信号与接收方过去所接收的卫星信号属于同一颗卫星
	不同单星欺骗	欺骗方所伪造的卫星信号与接收方过去所接收的卫星信号不属于同一颗卫星
多星欺骗		欺骗方伪造多颗卫星的信号

若当前接收方接收 m 号卫星的信号，则在同一单星欺骗中，转发式欺骗攻击指的是欺骗方所转发的卫星信号是 m 号卫星过去的信号，生成式欺骗攻击指的是欺骗方发送含有篡改信号的 m 号卫星信号。

当欺骗方发起同一单星欺骗攻击时，接收方将在接收导航电文的过程中遭受到阻塞信号的干扰。因此，接收方可以通过对导航电文接收的连续性验证，检测其是否遭到欺骗攻击。在同一单星欺骗中，若欺骗方发起转发式欺骗攻击，则接收方可以对所接收的信号与之前接收的信号的连续性进行认证，若发现无法认证成功，就可以判定当前遭到转发式欺骗攻击；若欺骗方发起生成式欺骗攻击，则接收方可以对导航电文中时间信息及基本导航信息的真实性和完整性进行认证，若发现无法认证成功，就可以判定当前接收方遭到生成式欺骗攻击。因此，若接收方可以及时检测时间信息及基本导航信息，就可以抵抗同一单星欺骗的转发式和生成式欺骗攻击。

7.1.2　北斗二代民用导航电文设计

北斗二代 CNAV 由 CNAV D1 和 CNAV D2 组成。通常，即使只有 5 颗 GEO 卫星广播 CNAV D2、32 颗 MEO 卫星广播 CNAV D1，接收方在固定时间内接收到的 CNAV D2 的数量也大于 CNAV D1。原因是 CNAV D2 的速率

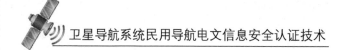

为 500 bit/s，CNAV D1 的速率为 50 bit/s。因此，接收方更有可能选择 CNAV D2 进行定位。针对这种情况，本章设计的抗欺骗方案主要是为了保护 CNAV D2。

CNAV D2 以主帧形式发送，每个主帧都包含 5 个子帧。每个子帧都有其页面，页面用于区分不同主帧的同一子帧。根据从 4 颗卫星接收到的信号中的 BNI 和时间信息，接收方可以计算出自己的位置信息。基本导航信息是包含每周计数、用户范围准确度指数、自主卫星运行状况标记、时钟相关参数等在内的参数集合。有了这些参数，接收方就可以计算出卫星的位置信息。在 CNAV D2 中，BNI 通过 10 个连续的子帧 1 发送，称为一组子帧 1。如图 7-2 所示，通过页面 1～页面 10 来识别 BNI，以区分不同的子帧 1。

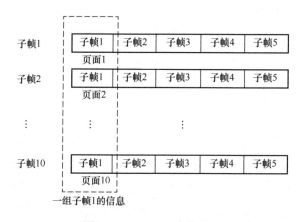

图 7-2　CNAV D2 中的 BNI

时间信息包括每周计数和 SOW。在 CNAV D2 中，每周计数分布在子帧 1 的页面 1，每 1 h 更新 1 次；SOW 分布在每个子帧中，每 0.06 s 更新 1 次。根据前文中对欺骗过程和 CNAV D2 结构的分析，接收方需要完成两个任务来抵抗同一单星欺骗，一个是卫星位置信息认证，可以通过验证 BNI 的数字签名来完成；另一个是时间信息认证，主要验证时间信息的连续性和真实性。基于 CNAV D2 的结构，时间信息认证可以分为页面时间认证和组时间认证。接收方需要根据自身的安全要求和硬件性能选择合适的时间信息认证方法。

7.2　北斗二代 NMA 和 SSI 总体架构

基于前文对卫星导航系统抗欺骗过程及北斗二代 CNAV D2 的分析，本章方案的整体框架如图 7-3 所示。该框架包含卫星位置信息认证（签名验证）、组时间认证及页面时间认证。地面控制站将频谱扩展序列的生成多项式（Generating Polynomials of Spectral Spread Sequence，GPSSS）、BNI 和签名上传到卫星。BNI 的签名是通过私钥加密生成的。私钥、公钥和密钥在地面控制站生成。密钥用于在卫星端生成密文信息，并由接收方解密密文。密钥和公钥将通过短报文服务或互联网发送给接收方。

卫星通过自己的原子钟产生 SOW。基于 SOW，地面控制站生成组时间认证信息和页面时间认证信息。组时间认证信息和 GPSSS 通过密文保护，该密文与 CNAV 中的保留位进行替换。签名及页面时间认证信息通过 SSI 保护，该 SSI 插入子帧 1 与子帧 2 之间。其中，SSI 和密文的位置如图 7-4 所示。

在子帧 1 的尾部添加同步信息，该信息称为同步信息 1。当接收方接收到同步信息 1 时，接收方使锁相环路锁相，并一直尝试用当前相位的 SSI 捕获子帧 2 的同步信息 2。同步信息 2 是每个子帧都带有的用于信息同步的信息，固定为 1010101010。当接收方不能捕获到子帧 2 的同步信息 2 时，接收方会持续保存所接收到的信息内容（待解扩的扩频信息）；当接收方捕获到子帧 2 的同步信息 2 时，接收方不再保存所接收到的信息，而开始对同步信息 2 后面的信息进行持续捕获跟踪。在子帧中添加 SSI 的目的是将签名及页面时间认证信息隐藏在噪声中，使欺骗方不能立即提取相关认证信息进行篡改。当 10 个连续的子帧 1 被接收后，接收方会提取密文并进行解密，解密后的明文

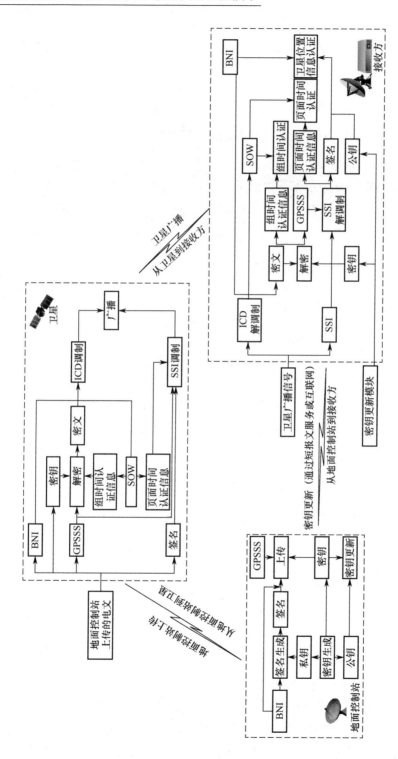

图 7-3　本章方案的整体框架

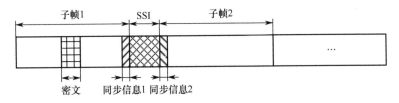

图 7-4　SSI 和密文的位置

中包含 SSI 的生成多项式。通过该生成多项式，接收方可以对所保存的 SSI 进行解扩，并提取签名与页面时间认证信息。

7.2.1　信息认证

信息认证主要分为组时间认证、页面时间认证和卫星位置信息认证。

1. 组时间认证和 GPSSS

组时间认证信息和 GPSSS 通过 SM4 加密传输，其密文结构如图 7-5 所示。

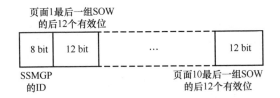

图 7-5　密文结构

GPSSS 用于解调插入子帧 1 和子帧 2 之间的 SSI。考虑到卫星系统通常使用 11 级移位寄存器来生成扩频码序列[7]，GPSSS 使用小于或等于 11 级的移位寄存器生成。此外，发送方还预置了 GPSSS 的码本。其中，ID 代表 GPSSS（图 7-5 中的 8 bit 数据）。

组时间认证信息用于证明子帧 1 的当前组和前一组的 SOW 是连续的。子帧 1 的组由 10 个页面组成，每个页面都有一个 SOW，每个 SOW 的后 12 个有效位用于身份验证。因此，在图 7-5 中，10 个页面中共有 120 bit 被用作组时间认证信息。

接收方根据每个页面的子帧 1 中保留位的数量，对 128 bit 的密文数据进行替换。子帧 1 中的密文位置和保留位的位置如表 7-2 所示。

表 7-2　子帧 1 中密文位置和保留位的位置

密 文 位 置	保留位的位置	密 文 位 置	保留位的位置
1～29	页面 3 的 45～73 bit	54～61	页面 7 的 103～110 bit
30～37	页面 4 的 103～110 bit	62～67	页面 8 的 105～110 bit
38～45	页面 5 的 103～110 bit	68～75	页面 9 的 103～110 bit
46～53	页面 6 的 103～110 bit	76～128	页面 10 的 58～110 bit

当接收方收到表 7-2 中的所有密文时，该密文通过 SM4 解密。接收方从解密的密文中提取 GPSSS 和组时间认证信息。GPSSS 用于扩频解调，组时间认证信息用于组时间认证。组时间认证的过程如图 7-6 所示。

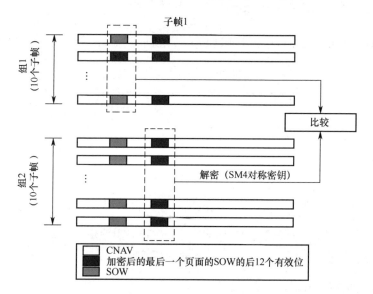

图 7-6　组时间认证的过程

接收方为了确定所接收的一组子帧 1 的信息的真实性和连续性，接收方将获得的上一组子帧 1 的信息的 SOW 与解密后的组时间认证信息进行比较，若二者一致，则说明组时间认证成功；若二者不一致，则说明组时间认证失败，信号可能遭到欺骗攻击，需要进行页面时间认证。

2. 页面时间认证和卫星位置信息认证

SSI 插入 CNAV D2 子帧 1 和子帧 2 之间。SSI 中包含页面时间认证信息和签名。添加 SSI 的目的是保证这些信息的安全性。由于缺乏 GPSSS，欺骗方无法预先从噪声中提取 SSI 并修改认证信息。由于欺骗方进行攻击时，CNAV 的连续性将被破坏，因此通过页面时间认证可以及时检测欺骗攻击。此外，如果欺骗方修改了 BNI，那么接收方可以通过 SSI 中的签名认证确定所接收的 CNAV 不可信。

由于签名较长，因此签名被拆分为 10 部分，分别插入子帧 1 不同页面后的 SSI。这 10 部分也被称为签名片段。页面号不同，每个 SSI 所对应的时间认证信息和签名片段的长度也不同，如表 7-3 所示。由于存在噪声，SSI 可能受到干扰，从而导致某些信息位在传输过程中出现错误。为了防止出现这种情况，将几个校验位插入 SSI。为了避免因在 SSI 中插入校验位而增大接收方的硬件复杂度，北斗二代 CNAV 使用与 BCH（15,11,1）相同的校验算法[7]。在传输 SSI 期间，将 11 bit 数据输入 BCH（15,11,1）算法，通过计算，最终输出 4 bit 校验位。

表 7-3　各页面对应的时间认证信息和签名片段的长度　　　　　　单位：bit

页　面　号	时间认证信息	签　名　片　段
1	2	53
2	4	51
3	4	51
4	4	51
5	4	51
6	4	51
7	4	51
8	4	51
9	4	51
10	4	51
总　　计	38	512

当接收方接收到一组子帧 1 所对应的所有 SSI 后，接收方会利用 GPSSS 对扩频信息进行扩频解调，解调后的扩频信息如图 7-7 所示。在通过 BCH 校验后，接收方根据表 7-3 提取相应的页面的时间认证信息和签名片段，将各页面的签名片段串接后，形成 512 bit 的签名，进行签名认证。此外，每个页面的时间认证信息都会结合上一页面的 SOW 进行页面时间认证。

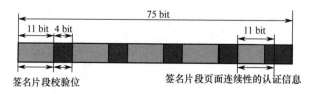

图 7-7　解调后的扩频信息

1）页面时间认证

在连续的 10 个子帧 1 中，SOW 的几个最高有效位（Most Significant Bit，MSB）相同。因此，页面时间认证信息包括子帧 1 中 SOW 的几个最低有效位（Least Significant Bit，LSB）。

页面时间认证的过程如图 7-8 所示，当接收方解调 SSI 时，页面时间认证信息将与上一组子帧 1 中的相应 SOW 进行比较。若信息认证结果成功，则说明该组子帧 1 的各个页面连续；若信息认证结果失败，则说明接收方可能遭到欺骗攻击，从而使接收方接收的 CNAV 不连续。这就意味着当前接收方收到的 CNAV 很有可能是来自恶意第三方的欺骗信号，接收方需要对信息来源进行签名认证。

2）卫星位置信息认证

一组子帧 1 中的 BNI 将通过 SSI 中的签名来认证。卫星位置信息认证的过程如图 7-9 所示。

当接收方获取签名后，会将所接收的 BNI 通过 SM3 生成摘要值。接收方将摘要值、公钥作为输入，验证签名，若验证成功，则说明接收方所接收的

BNI 完整真实；否则，说明接收方正在遭受欺骗攻击，需要删除来自该颗卫星的 CNAV，并使用其他卫星的 CNAV 进行定位服务。

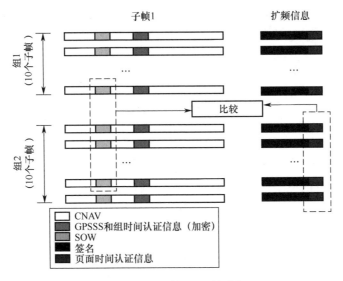

图 7-8　页面时间认证的过程

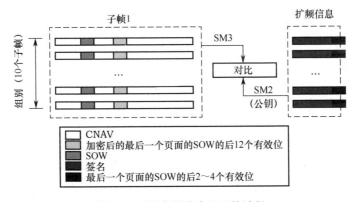

图 7-9　卫星位置信息认证的过程

7.2.2　密钥更新

在 CNAV 的认证中，签名由公钥验证，密文由对称密钥解密。接收方可以通过两种方式更新这些密钥，一种是通过 BDS 短报文服务（Short Message Service，SMS），另一种是通过存储在互联网上的数字证书。所有接收方都有

一个相同的 256 bit 主密钥，该主密钥受高强度密码算法保护。该算法仅对接收机制造商开放，不会公开。SM4 密钥更新的过程如图 7-10 所示。

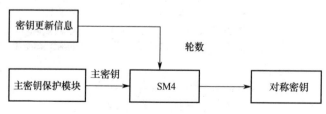

图 7-10　SM4 密钥更新的过程

通常使用带有固定密钥的 SM4 对一组纯文本进行重复加密（多次迭代）。根据 SM4 标准[1]，输入密钥的内容可以与纯文本相同。因此，本章方案将输入密钥设置为与 SM4 加密过程中的纯文本内容相同，并且重复加密的次数等于迭代次数，可以通过密钥更新信息来更新迭代次数。

更新的对称密钥是 SM4 加密多次迭代的结果。更新信息中描述了 SM4 加密的迭代过程。只要更新迭代次数，接收方就可以通过 SM4 更新对称密钥，从而避免由于公开发送对称密钥而导致的信息泄露。

1. 通过 BDS 短报文服务更新密钥

由于 SMS 缺乏对传输信息的保护，因此欺骗方可以伪造 SMS 来欺骗接收方。通过 SMS 更新公钥和迭代次数时，需要对传输信息进行加密和身份验证。为了实现加密认证的功能，接收方需要预先从互联网获取预设密钥。每个接收方都有唯一的预设数据包，可以在首次使用时从接收机制造商的网站下载该数据包。预设数据包中包含预设密钥及其认证信息，通过主密钥加密进行传输。一旦接收方通过 SMS 更新了密钥，就可以从数据包中获取预设密钥，具体流程如图 7-11 所示。

一旦下载了预设密钥包，接收方就自动获得密文。只有受主密钥保护模块保护的主密钥才能用于解密密文以获得明文。明文由预设密钥及其摘要值（称为摘要 1）组成。同时，接收方使用 SM3 对获得的预设密钥计算另一个摘要值（称为摘要 2）。如果摘要 1 与摘要 2 相同，则接收方将保存之前下载的预设密钥包；否则，接收方应删除预设密钥包，并重新下载。考虑到安全性，在完成密钥交换过程后，需删除预设密钥包。

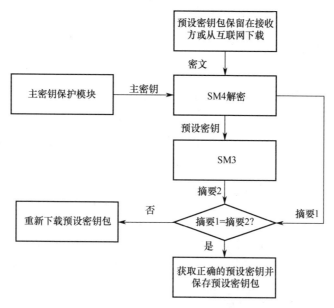

图 7-11 从数据包中获取预设密钥的流程

在 SMS 密钥更新过程中，采用对称加密算法和非对称加密算法对数据进行保护。这两种算法由接收机制造商与地面控制站协商确定。为了确保这两种密码算法的安全性和可靠性，没有向接收方公开具体的算法细节，并且两种算法都固化在接收机芯片中。当使用 SMS 进行密钥更新时，将激活两种算法的程序。

通过 SMS 更新密钥的过程如图 7-12 所示。通过 SMS 进行密钥交换的过程中涉及几种密钥，为了更清楚地表述，密钥和相关信息的缩写及其含义如表 7-4 所示。当需要更新 Key_{public} 和 N_{ITER} 时，接收方将向地面控制站发送一个附加自己 ID 的请求。该请求是使用 Key_{preset} 通过对称加密算法加密的。地面控制站接收到请求后，会根据接收方的 ID 从预设密钥数据库中获取相应的 Key_{preset}。通过 Key_{preset} 对加密的请求进行解密后，使用 $Key_{private}$ 的非对称加

密算法生成 Key_{public}、N_{ITER} 和 $ID_{groupkeys}$ 的签名，接收方通过 Key_{preset} 加密接收 Key_{public}、N_{ITER}、$ID_{groupkeys}$ 及其签名。当接收方获得密文的内容时，它将恢复 Key_{public} 并通过接收到的 Key_{public} 来验证签名。若验证成功，则接收方向地面控制站发送确认信息，并更新 Key_{group}（包含 Key_{public} 和 N_{ITER}）；否则，接收方将删除此 Key_{group}、$ID_{groupkeys}$ 和签名，然后再次向地面控制站发送请求。

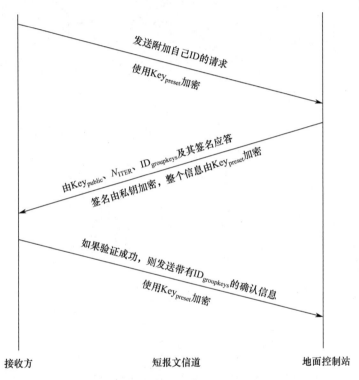

图 7-12　通过 SMS 更新密钥的过程

表 7-4　密钥和相关信息的缩写及其含义

缩　写	含　义	缩　写	含　义
Key_{public}	当前导航信息的公钥	Key_{group}	密钥组（包含 Key_{public} 和 N_{ITER}）
$Key_{private}$	当前导航信息的私钥	N_{ITER}	SM4 加密的迭代次数
Key_{preset}	预设密钥	$ID_{groupkeys}$	密钥组的 ID

2. 通过数字证书更新密钥

在本章方案中，数字证书符合 X509 的标准。数字证书主要包含版本号、证书序列号、证书有效性、SM2 公钥、发布者名称和主题名称。证书序列号是密钥组的 ID。证书无效后，接收方需要通过互联网更新证书。SM2 公钥主要包含 Key$_{public}$ 和用于生成当前对称密钥的 N_{ITER}。主题名称是地面控制站中 KMC 的编号。

7.2.3 整体认证过程

整体认证过程包括信息发送过程，以及信息接收和认证过程。通过对信息接收和认证过程进行分析，可以进一步简化本章方案，并从理论上分析该方案的抗欺骗性能。

1. 信息发送过程

信息发送过程如图 7-13 所示。GPSSS 的内容和组时间认证信息应由 SM4 加密，以便在卫星发送信息之前获得密文。密文及相应的保留位的位置如表 7-2 所示。同时，使用 SM2 和 SM3 生成签名。签名被分割，并与页面时间认证信息结合在一起，如表 7-3 所示。这两种信息中的校验位由 BCH 生成，并由各自的扩频序列进行调制。信息发送前，各过程的时间损耗如表 7-5 所示。

尽管在信息发送前已完成了多个步骤，但是正常的信息发送过程并没有明显的延迟。这有两个原因：一个是在信息发送之前已经生成 GPSSS 的密文和组时间认证信息；另一个是卫星可以预先从地面控制站获得 BNI，并在信息发送之前生成签名。因此，生成签名的产生的延迟不会影响正常的信息传输。

2. 信息接收和认证过程

信息接收和认证过程如图 7-14 所示，具体介绍如下。

步骤 1 当接收方接收到子帧 1 中的同步信息 1 时，接收方存储 SSI，在本章方案中，存储时间约为 0.15 s（SSI 的长度为 75 bit，CNAV D2 的传输速率为 500 bit/s，因此 SSI 传输需要 0.15 s）；然后，接收方继续接收和解调子帧 2 的信息。

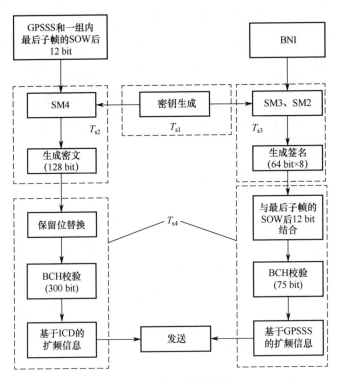

图 7-13 信息发送过程

表 7-5 各过程的时间损耗（信息发送前）

过　　程	时 间 损 耗	过　　程	时 间 损 耗
密钥生成	T_{s1}	生成签名	T_{s3}
加密	T_{s2}	电文认证	T_{s4}

步骤 2 接收方接收到一组子帧 1 并通过 BCH 校验后，从 CNAV 中提取密文。通过使用 SM4 的对称密钥对密文进行解密，以获得两种类型的信息，即 GPSSS 和组时间认证信息。前者用于 SSI 解调，后者用于验证一组 SOW。为了验证组时间的连续性，有必要将所接收的子帧 1 的先前组中的 SOW 与所接收的组时间认证信息进行比较。如果比较结果是完全一致的，则

两组中的子帧 1 是真实的，且是时间连续的；否则，CNAV 可能是伪造的，在这种情况下，有必要验证页面时间信息和 BNI 的完整性。

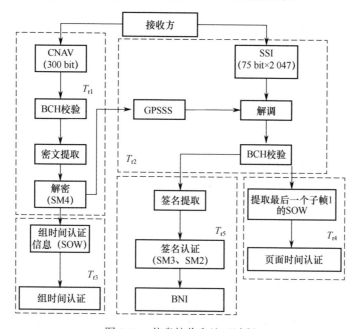

图 7-14　信息接收和认证过程

步骤 3 在对解调后的 SSI 进行 BCH 校验后，提取页面时间认证信息和 BNI 的签名。

步骤 4 为了进行页面时间认证，需要将接收到的先前子帧 1 中的 SOW 与页面时间认证信息进行比较。如果比较结果是完全一致的，则两页中的子帧 1 是真实的，且是时间连续的；否则，CNAV 可能是伪造的，在这种情况下，有必要验证 BNI 的签名。

步骤 5 通过 SM2 公钥和接收到的 BNI 的摘要值验证在步骤 3 中获得的签名。如果签名认证成功，则 BNI 是可信的；否则，CNAV 是伪造的，接收方需要删除欺骗信息，并使用其他卫星的 CNAV 实现定位服务。需要说明的是，BNI 的摘要值是通过 SM3 计算获得的。

图 7-14 中各过程的时间损耗如表 7-6 所示。在本章方案中，核心是验证

时间（组时间和页面时间）信息和 BNI 的真实性。随着 CNAV 的更新，NMA 存在两种情况，一种是 BNI 未发生变化（在 1 h 内未更新[7]），仅需要一个成功的身份验证，且保留通过身份认证后的基本导航信息；另一种是 BNI 发生变化，有必要及时验证导航信息的完整性。

表 7-6 各过程的时间损耗

过　　程	时 间 损 耗
导航信号解调	T_{r1}
SSI 解调	T_{r2}
组时间认证	T_{r3}
页面时间认证	T_{r4}
签名认证	T_{r5}

如果接收方对 CNAV 的身份认证要求不太高，则仅需要进行组时间认证。在整个过程中，不需要进行页面时间认证。当 BNI 不变时，签名仅需认证一次。在这种情况下，对于低需求的抗欺骗接收方，不必总是解调包括签名片段和页面时间认证信息的 SSI。因此，对于低需求的抗欺骗接收方，在 BNI 不变的情况下，仅组时间认证和导航信号解调是耗时的。上述两种情况下的认证时间损耗如表 7-7 所示。

表 7-7 两种情况下的认证时间损耗

接　收　方	时 间 损 耗	
	基本导航信息不发生变化 （签名已成功验证）	基本导航信息发生变化
一般接收方	$T_{r1}+T_{r2}+T_{r3}+T_{r4}$	$T_{r1}+T_{r2}+T_{r3}+T_{r4}+T_{r5}$
低需求抗欺骗接收方	$T_{r1}+T_{r3}$	$T_{r1}+T_{r2}+T_{r3}+T_{r5}$

因此，根据对抗欺骗性能的不同要求，选择合适的认证方案可以减少认证时间。

3. 抗欺骗性能的理论分析

北斗二代 NMA 和 SSI 方案针对的欺骗策略和抗欺骗方法如表 7-8 所示。从欺骗方的角度看，北斗二代 NMA 和 SSI 方案可以有效抵抗欺骗攻击。

表 7-8 欺骗策略和抗欺骗方法

欺 骗 策 略	抗 欺 骗 方 法
对接收方发起阻塞攻击,迫使接收方重新捕获信号,以实施欺骗攻击	由于页面到页面或组到组的连续性被破坏,接收方应验证组时间和页面时间,以检测这种欺骗
在没有私钥的情况下,修改 BNI	由于存在签名,如果欺骗方修改了 BNI,则签名验证将失败
用私钥修改 BNI	如果欺骗方以某种方式获得了私钥,则签名不会被修改。扩频调制使签名被隐藏在噪声中。接收方和欺骗方获得 GPSSS 后,正确的签名已发送到接收方。正确的签名不能验证伪造的 CNAV,因此签名认证失败

从接收方的角度看,3 种身份认证方法可能会带来不同的结果。这些不同认证结果的组合可以确定当前接收的信号是否遭受欺骗攻击,认证结果分析如表 7-9 所示。从表 7-9 可以看出,尽管欺骗方采用了不同的欺骗策略,但是本章方案可以从组时间认证、页面时间认证和签名验证 3 个方面检测欺骗攻击。

表 7-9 认证结果分析

类目	组时间认证	页面时间认证	签名认证	分　　　析
1	失败	失败	失败	生成式欺骗攻击(欺骗方篡改 CNAV)
2	失败	失败	成功	转发式欺骗攻击(欺骗方重放子帧 1 的前一组信息)
3	成功	成功	失败	生成式欺骗攻击(欺骗方篡改 BNI)
4	成功	成功	成功	真实卫星导航信号(真实 CNAV)

7.3 仿真实验与结果分析

为了验证本章方案的有效性,本节建立了一个仿真实验框架,如图 7-15 所示,并使用两种工具进行实验,MATLAB 平台用于模拟 CNAV 的发送和接收过程,Visual Studio-OPENSSL 平台用于完成信息加密、解密,生成签名,信息认证等。在该实验中,密钥更新是通过从互联网下载数字证书获得的。

在原始数据收集部分,仿真实验设备及相关参数如表 7-10 所示。

仿真实验中使用的数据是我国北方的北斗接收机接收到的实时北斗二代导航卫星信号,详细信息如表 7-11 所示。

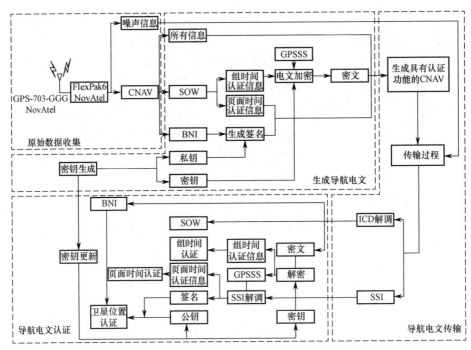

图 7-15　仿真实验框架

表 7-10　仿真实验设备及相关参数

设　备	相　关　参　数
天线	GPS-703-GGG NovAtel
接收机	FlexPak6 NovAtel
计算机 1	Pentium(R)Dual-Core CPU T4500, 2.30 GHz/3 GB RAM
计算机 2	Intel(R) Core (TM) CPU I7-6700HQ, 2.59 GHz/32 GB RAM

表 7-11　仿真实验数据的详细信息

类　目	参　数
时间	2017 年 9 月 10 日下午 2～9 时
位置	我国北方
卫星号	2
平均载噪比/dB	43.4209
数据量/MB	123

7.3.1　认证过程

具体认证过程介绍如下。

1. 生成密钥

参考文献［2］中已经说明了 SM2 中的椭圆曲线参数。根据这些参数，生成 SM2 公钥和私钥。SM4 的对称密钥是一组随机数。

2. 导航电文加密

明文由 GPSSS 和组时间认证信息组成。在仿真中，用密码本的 ID 表示 GPSSS。GPSSS 的密码本参考不同卫星的 BD-II ICD[7]中的 PN 码表。在本章方案中，GPSSS 使用 13 号卫星的 PN 码。

3. 生成签名

BNI 的签名是由 SM2 私钥生成的。

4. 生成具有认证功能的 CNAV

SSI 的同步位（同步信息 1）是 barker 码"1111100110101"，普通信息的同步位（同步信息 2）是 barker 码"11100010010"。所有信息都通过 BCH（15,11,1）获得校验位。最后，正常子帧 1 信息的长度为 300 bit，且每个子帧的 SSI 长度均为 75 bit。

5. 传输过程

发射通道的噪声是高斯噪声。参考文献［7］中的载噪比（CNR）和信噪比（SNR）之间的关系如式（7-1）所示。北斗二代导航信号的中心频率为 1 561.098 MHz，其 1 dB 带宽为 4.092 MHz，采样频率 f_s 为 8.184 MHz。

$$SNR + 10\lg\left(\frac{f_s}{2}\right) = SNR + 69.12\,dB = CNR \qquad (7\text{-}1)$$

根据表 7-11，平均 CNR 为 43.4209 dB。由式（7-1）可得 SNR≤−25.69 dB。信号调制和解调过程分别如图 7-16 和图 7-17 所示。

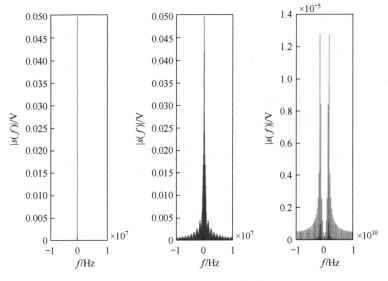

图 7-16　信号调制过程

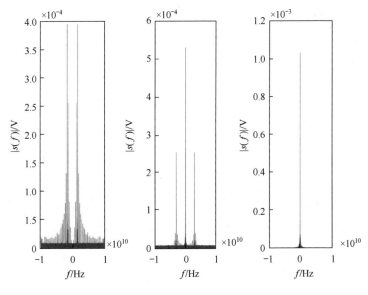

图 7-17　信号解调过程

7.3.2　信号认证和实验结果分析

在仿真实验中，在完成 BCH 校验及信号验证的相关步骤之后，将测试真实卫星导航信号和欺骗信号。

关于时间损耗和噪声影响的测试介绍如下。

1. 时间损耗

在实验过程中，在正常信息发送和接收过程中需要增加一些步骤，时间损耗分别如表 7-12 和表 7-13 所示。

表 7-12 信息发送前的时间损耗

过　　　程	时间损耗/s
生成密钥（T_{s1}）	0.182
加密（T_{s2}）	0.003
生成签名（T_{s3}）	0.266
GPSSS 调制的身份认证信息（T_{s4}）	0.3 0.03/子帧
总时间	0.569

表 7-13 信息接收后的时间损耗

过　　　程	时间损耗/s
卫星导航信号解调和 SSI 解调（$T_{r1}+T_{r2}$）	0.267 0.0267/子帧
组时间认证（T_{r3}）	0.005（成功）/0.004（失败）
页面时间认证（T_{r4}）	0.015（成功）/0.015（失败）
签名认证（T_{r5}）	0.156（成功）/0.168（失败）
总时间	0.4485

从表 7-12 可以看出，传输信息的总时间为 0.569 s；在 CNAV 中插入认证扩频信息所需的时间为 0.03 s，这个时间很短，在信息传输过程中可以忽略。当接收方接收到所有认证信息时，认证结果将在接收子帧 3 之前得到。其原因是，信息接收过程的总时间损耗为 0.4485 s，每个子帧小于 0.6 s。在接收方未收到全部认证信息的情况下，接收方需要等待 45 s 才能接收到下一组认证信息。

2. 噪声影响

由于本章方案基于 CNAV 和密码算法，因此在没有由噪声引起的误码的

情况下，认证结果是正确的。噪声的功率不仅影响 BCH 的纠错结果，还影响认证率。信噪比与认证率的关系如图 7-18 所示。

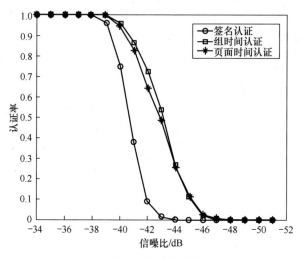

图 7-18　信噪比与认证率的关系

在仿真实验环境中，载噪比为 43.4209 dB，对应的信噪比为−25.69 dB。由图 7-18 可知，本章方案可以在此 SNR 下抵抗欺骗攻击。设签名认证、组时间认证和页面时间认证的认证率分别为 P_1、P_2 和 P_3。总体而言，P_1 的下降速度快于 P_2 和 P_3，原因是签名认证比另两种认证包含更多身份认证信息，在大噪声的情况下，签名认证更容易出错。

考虑到 BNI 是重复广播的，当 P_1、P_2 超过一定阈值时，即可认为认证成功。在优化方案中，认证率可以表示为

$$P_\mathrm{d} = \begin{cases} 1, & \dfrac{P_1 + P_2 + P_3}{3} \geqslant P_\mathrm{th} \\ P_1, & \text{其他} \end{cases} \quad (7\text{-}2)$$

当 P_th 为 0.990 和 0.995 时，将本章方案与 Wesson 等人[2]的方案进行比较，结果如图 7-19 所示。

从图 7-19 可以看出，在相同的信噪比条件下，本章方案比 Wesson 等人[2]的方案具有更好的抗噪性。原因是本章方案仅认证了 BNI，而 Wesson 等人[2]

的方案对所有信息进行了认证。对于一般的芯片接收机，其定位结果基于
BNI，而对电离层参数和其他信息的关注较少。因此，本章方案适用于便携式
接收机或芯片接收机。另外，可以将阈值调整为接收方在不同位置的取值，
以提高本章方案的抗噪性。

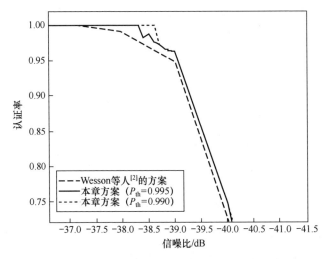

图 7-19　本章方案与 Wesson 等人[2]方案的比较

7.3.3　比较分析

结合基于 NMA 的其他有关抗欺骗的研究，3 种方案的功能和性能的比较
如表 7-14 所示。

表 7-14　几种方案的功能和性能的比较

类　目	本 章 方 案	Wesson 等人[2]的方案	唐超等人[3]的方案
卫星平台	北斗二代	GPS	北斗二代
密码算法	SM2、SM3、SM4	ECDSA	ECDSA
认证方式	NMA、SSI	NMA	NMA
抵抗生成式欺骗攻击	可以	可以	可以
抵抗转发式欺骗攻击	可以	不可以	不可以
导航电文设计	涉及	涉及	未涉及
密钥更新	涉及	未涉及	涉及
签名保护	有	无	无

SM2[8]、SM3[9]和 SM4[10]是由国家密码管理局独立开发的。SM2、SM3 和 SM4 都已经成为国际标准。此外，国家密码管理局还设计了 SM2、SM3 和 SM4 的随机数生成器。随机数生成器详细信息的设计不向公众开放，保证了本章方案的安全性。当欺骗方仅转发过去的信息且签名未在同一单星进行欺骗攻击时，本章方案可以检测到它，而 Wesson 等人[2]和唐超等人[3]的方案无法检测到，因为本章方案可以检测 CNAV 的连续性。本章方案还通过使用扩频调制技术来保护签名和时间认证信息不被修改，从而防止了私钥泄露等特殊情况的出现。

7.4　小结

本章提出了一种基于 NMA 和 SSI 的北斗二代民用导航电文抗欺骗方案，采用 SM4 加密时间认证信息，使用 SM2 和 SM3 生成签名。本章方案可以成功检测到同一单星欺骗，并且加密和认证时间不会过多地影响北斗二代系统的运行。在未来的研究中，可以考虑使用多径干扰等来测试本章方案，使用认证协议（如 TESLA）来避免帧结构的改变，实现与本章方案相同的目标。

本章参考文献

[1]　WU Z J, LIU R S, CAO H J. ECDSA-based message authentication scheme for BeiDou-Ⅱ navigation satellite system[J]. IEEE Transactions on Aerospace and Electronic Systems, 2019, 55(4): 1666-1682.

[2]　WESSON K, ROTHLISBERGER M, HUMPHREYS T. Practical cryptographic civil GPS signal authentication[J]. Navigation, 2012, 59(3): 177-193.

[3]　唐超, 孙希延, 纪元法, 等. GNSS 民用导航电文加密认证技术研究[J]. 计算机仿真, 2015, 32(9): 86-90, 108.

[4]　刘丁浩, 吕晶, 马蕊, 等. 卫星导航系统欺骗与抗欺骗技术研究与展望[J]. 通信技术, 2017, 50(5): 837-843.

[5]　中国卫星导航系统管理办公室. 北斗卫星导航系统: 空间信号接口控制文件(2.1 版)[Z]. 2016.

[6]　程翔, 陈恭亮, 李建华, 等. 基于北斗卫星导航系统的数据安全应用[J]. 信息安全与通信保密, 2011, 9(6): 43-45.

[7]　巴晓辉, 刘海洋, 郑睿, 等. 一种有效的 GNSS 接收方载噪比估计方法[J]. 武汉大学学报, 信息科学版, 2011, 36(4): 457-460, 466.

[8]　中国国家标准化管理委员会. GB/T 32918.1—2016 信息安全技术　SM2 椭圆曲线签名算法 第 1 部分: 总则[S]. 北京: 中国标准出版社, 2017.

[9]　中国国家标准化管理委员会. GB/T 32905—2016 信息安全技术　SM3 密码杂凑算法[S]. 北京: 中国标准出版计, 2017.

[10]　中国国家标准化管理委员会. GB/T 32907—2016 信息安全技术　SM4 分组密码算法[S]. 北京: 中国标准出版社, 2017.

第 8 章
基于无证书签名的北斗 D1 民用导航
电文信息认证协议

本章主要研究北斗 D1 民用导航电文信息（CNAV D1）的安全认证，试图从信息认证的角度设计一种安全认证协议。为此，本章提出一种基于无证书签名的 CNAV D1 认证协议，称为 BD-D1Sec 协议。为了抵抗欺骗攻击，BD-D1Sec 协议在 CNAV D1 的传输过程中插入无证书签名，保证了 CNAV D1 的完整性和真实性，且不需要证书管理，从而不会降低 CNAV D1 的可用性。仿真实验的结果表明，BD-D1Sec 协议具有良好的认证性和时效性，对针对 CNAV D1 的欺骗攻击具有较强的抵抗能力，并具有计算复杂度低、通信成本低等优点。

8.1 预备知识

在介绍 BD-D1Sec 协议之前，需要先简单介绍 CNAV D1 和无证书签名方案的一般模型。

8.1.1 CNAV D1 的简单介绍

CNAV D1 由超帧、主帧和子帧组成，包括卫星基本导航信息、全部卫星历书信息与其他系统时间同步信息。帧是 CNAV D1 的基本单元，由地面运行控制系统定期更新[1]。CNAV D1 的帧结构格式和播发顺序[2]如图 8-1 所示。

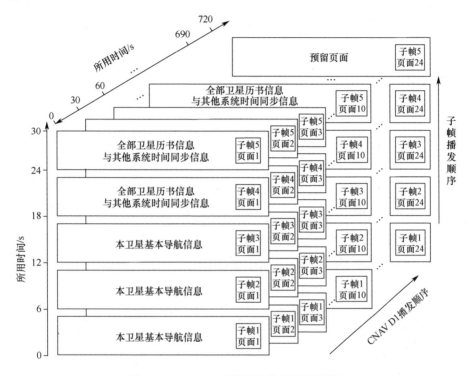

图 8-1　CNAV D1 的帧结构格式和播发顺序

　　CNAV D1 具有超帧结构，包括 24 主帧（页面）。每个主帧含有 5 个子帧，在各主帧中，子帧 1～子帧 3 的格式一致。每个子帧由 10 个字组成，每个字含有 30 bit 数据，因此每个子帧含有 300 bit 数据，每个主帧含有 1 500 bit 数据。子帧 4 和子帧 5 各拥有 24 个页面的数据，并分时发送这些页面上的信息。因此，子帧 1～子帧 3、子帧 4 的 1 个页面和子帧 5 的 1 个页面构成一个主帧，子帧 4 和子帧 5 的所有信息需要 24 个主帧才能传输完毕。

　　CNAV D1 的速率为 50 bit/s，由 MEO/IGSO 卫星播发。帧同步码、子帧计数和周内秒计数 3 种电文数据在每个子帧中都会重复出现。本章中的卫星基本导航信息在 CNAV D1 子帧 1～子帧 3 中以 30 s 为周期重复播发。子帧 1 的数据给出了表征北斗卫星是否可用的卫星自主健康标识、钟差和表征用户距离精度的用户距离精度指数等信息，向接收方给出北斗卫星空间信号精度。子帧 2 和子帧 3 的数据给出了星历参数，根据这些数据可以估算出导航信号从北斗卫星发射时的轨道位置。

子帧 4 的全部页面和子帧 5 的前 10 个页面用来播发全部卫星历书信息与其他系统时间同步信息[3]。子帧 5 的页面 11～24 是预留页面，这 14 个预留页面中的第 51～228 bit 都是保留位，分布较为集中。

8.1.2　无证书签名方案的一般模型

基于身份的公钥密码体制的完整私钥由密钥生成中心独立产生，因此会引入密钥托管问题。针对密钥托管问题，Al-Riyami 等人[4]和陈楠等人[5]提出了无证书公钥密码体制。该体制保留了基于身份的公钥密码体制不需要数字证书为公钥提供安全性保证的优点。验证签名方在认证信息完整性之前，不必优先完成数字证书的有效性确认。无证书公钥密码体制不仅提高了方案的整体效率，还克服了密钥托管问题，是对传统公钥密码体制和基于身份公钥密码体制的改进和权衡。

无证书签名方案通常有密钥生成中心、签名用户和验签用户 3 个实体参与方，密钥生成中心完成系统建立算法和部分私钥生成算法；签名用户主要负责秘密值提取、完整私钥与公钥生成，以及建立签名生成算法；验签用户根据验签公钥与公开的系统参数，验证签名的合法性。

（1）系统建立算法：密钥生成中心输入一个给定的安全参数 k，输出系统参数和主密钥，其中，系统参数可以公开，而主密钥需要秘密地存储起来。

（2）部分私钥生成算法：密钥生成中心输入系统参数、身份 ID 和主密钥，进行部分私钥提取运算，输出用户的部分私钥，并安全、秘密地传递给拥有身份 ID 的用户。

（3）秘密值获取算法：该算法是一个概率多项式时间算法，根据输入的系统参数和用户身份 ID，生成用户的秘密值，通常由用户执行该算法。

（4）完整私钥生成算法：该算法是一个概率多项式时间算法，签名用户利用输入的系统参数、部分私钥与秘密值，输出完整签名私钥。

（5）公钥生成算法：用户输入公共系统参数、用户身份 ID 和自身秘密值，产生用户公钥。

（6）签名生成算法：签名用户输入待签名信息、身份 ID、完整私钥和系统参数，利用签名算法进行计算，输出签名。

（7）签名验证算法：验签用户执行该算法，输入系统参数、身份 ID、接收的明文、签名与用户公钥，进行确定性验证运算。如果签名验证通过，则输出真；如果签名验证未通过，则输出假。

一些无证书签名方案在构造过程中对上述方案模型进行了部分改进，主要体现在将执行公钥提取算法的顺序调整到部分私钥提取算法中。

8.2　BD-D1Sec 协议

BD-D1Sec 协议的核心设计思想是将认证信息进行排列，并插入 CNAV D1 电文的保留位。BD-D1Sec 协议的设计必须考虑两个实际因素，一是 CNAV D1 的传输速率较低，二是 CNAV D1 的保留位比导航信息少。如果 CNAV D1 上排列相同总量的数据，信息的保留位较少，则需要更多的页面进行认证信息排列，为接收完整的签名，用户需要接收的导航信息页数也会相应增加。由于 CNAV D1 的信息广播周期固定且速率较低，用户需要等待较长时间才能收到包含完整签名的页面，从而影响北斗卫星导航服务的可用性。基于以上分析，在设计 BD-D1Sec 协议时，需要考虑签名的长度对 CNAV D1 的影响，应尽可能减少认证信息总量和通信成本。无证书签名系统为系统整体引入了较低的通信成本，信息认证机制需要传输的数据较少，有助于提高认证效率。BD-D1Sec 协议结合了 CNAV D1 和无证书签名系统的特点，解决了密钥托管和证书管理问题，减少了对权威第三方的依赖[6]。

8.2.1 安全假设

BD-D1Sec 协议是 CNAV D1 的认证方案。在设计协议之前，有必要做出一些安全假设。安全假设分为两部分，分别对应信息传输过程和协议执行过程。

信息传输过程中的安全假设是威胁模型中与信号相关的所有参数（A_{si}、C_i、τ_{si}、ω_c 和 ϕ_i）都是绝对安全的，欺骗方根据信息级别的参数 $\hat{D}_i$ 篡改信息。另外，这里还要假设接收到的导航信息的误码率非常小，即在一定的差错控制下，接收导航电文的信道干扰 $\eta(t)$ 不会影响协议认证的结果。一般来说，信息传输过程中的安全假设是地面控制站注入卫星的上行信道是安全可靠的[7]。在上述假设的前提下，BD-D1Sec 协议可以进行协议流程的鉴权和执行。

协议执行过程中的安全假设是主公钥 $P_{pub} = \{P_{pub_1}, P_{pub_2}\} = \{sP, s^{-1}P\}$、公共系统参数 $Params_{pub} = \{G_1, G_2, q, e, P, P_{pub}, H_1, e(P, P)\}$、BDS 秘密值 SV_{ID-BD}、部分私钥 $PPK_{ID-BD} = (PS_{ID}, PR_{ID})$ 都是绝对安全的，认证协议的安全性依赖于 k-CAA。系统中不受信任的部分是签名公钥 $PK_{ID-BD} = (P_{ID}, PR_{ID})$。

本节在上述安全假设条件下设计了 BD-D1Sec 协议。针对 CNAV D1 在无线信道中容易被篡改的问题，将北斗卫星地面控制段到北斗卫星、北斗卫星到接收方的导航信息通信过程与无证书签名技术结合，完成基于满足北斗卫星导航信息安全要求的认证协议整体设计，是对 CNAV D1 安全保障体系的有力补充。下面详细介绍 BD-D1Sec 协议的定义和描述。

8.2.2 BD-D1Sec 协议的定义

BD-D1Sec 协议采用的符号及其含义如表 8-1 所示。

表 8-1 BD-D1Sec 协议采用的符号及其含义

符 号	含 义	符 号	含 义
G_1, G_2	q 阶循环群	PPK_{ID-BD}	北斗卫星部分私钥
P	G_1 的生成元	SV_{ID-BD}	北斗卫星秘密值
$Params_{pub}$	公开的系统参数	PK_{ID-BD}	北斗卫星公钥
H_1	单向的哈希函数	M_{D1}	待签名的 CNAV D1
k	安全参数	Sign-D1	签名
ID_{BD}	北斗卫星身份信息	‖	位连接处理
GCS_{BD}	北斗卫星地面控制段	e	双线性映射
SSS	空间卫星部分		

8.2.3 BD-D1Sec 协议的描述

通常认为北斗卫星地面控制段和北斗卫星之间传输的数据是真实且安全的[7]。北斗卫星和接收方之间传输的数据由于受到传输信道噪声、多径干扰、信道衰落和欺骗方的影响，需要对北斗卫星向接收方发送信息的真实性进行有效认证。因此，本节主要立足于北斗卫星与接收方之间的导航信息传输过程，根据 CNAV D1 的具体特性，结合无证书签名体制，设计 BD-D1Sec 协议。

参与 BD-D1Sec 协议的有 3 个实体，包括北斗卫星地面控制段、北斗卫星和接收方。其中，北斗卫星地面控制段作为密钥生成中心，兼具密钥生成和密钥分配的功能，负责主密钥生成、公共系统参数提取、部分私钥提取及安全分发。北斗卫星地面控制段是整个 BDS 的信息和决策中心。接收方是指应用北斗卫星通信技术的终端用户。北斗卫星和接收方（用户）对北斗卫星地面控制段赋予了信任，相信北斗卫星地面控制段是安全可信的权威机构。BD-D1Sec 协议包含 6 个阶段，分别是主密钥与公共系统参数提取、秘密值获取、部分私钥生成、验签公钥生成、签名生成及签名验证，各阶段具体描述如下。

1. 主密钥与公共系统参数提取

北斗卫星地面控制段履行密钥生成中心的职责，完成认证协议定义环节中由密钥生成中心完成的系统初始化各步骤。首先，输入安全参数 k，生成两个阶数均为 q 的循环群 G_1 和 G_2，以及双线性对 $e: G_1 \times G_1 \rightarrow G_2$。然后，选取 P 作为 G_1 的生成元，随机选取 $s \in \mathbb{Z}_q^*$ 作为主密钥，计算 $P_{pub} = \{P_{pub1}, P_{pub2}\} = \{sP, s^{-1}P\}$，产生对应的主公钥，并选用一个安全的单向哈希函数 $H_1: \{0,1\}^* \times G_1 \times G_1 \rightarrow \mathbb{Z}_q^*$。至此，CNAV D1 认证协议所需的全部公共系统参数 $Params_{pub} = \{G_1, G_2, q, e, P, P_{pub}, H_1, e(P,P)\}$ 已经由北斗卫星地面控制段生成完毕，并可向认证协议的其他参与实体公开。需要注意的是，在信息认证阶段，接收方核验签名是否合法时，$e(P,P)$ 相当于"参考标准"，因此在系统初始化步骤中，$e(P,P)$ 需要预先算出来，并作为公共系统参数公布。图 8-2 给出了认证协议系统建立过程。

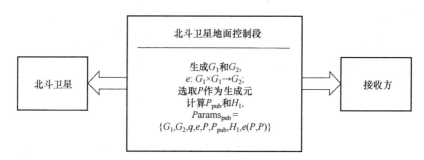

图 8-2　认证协议系统建立过程

2. 秘密值获取

北斗卫星拥有身份信息 ID_{BD}，将其输入公共系统参数 $Params_{pub}$ 后，随机选择 $SV_{ID\text{-}BD}$ 的值作为秘密值，$ID_{BD} = SN_{BD} \parallel DATA_F \parallel DATA_T \parallel M_R$。其中，$SN_{BD}$ 为一颗卫星唯一的标识号；$DATA_F$ 为颁发该标识的日期，即该标识起效的起始日期；$DATA_T$ 为有效期截止日期，即该标识最晚能够使用到什么日期，结合 $DATA_F$ 和 $DATA_T$ 可以确定该标识的有效期；M_R 为参考信息，包含了临时指定的备注信息，为 BDS 可扩展性预留出可供查证的存储空间。设计

ID_{BD} 中各部分的目的是形成一个完善的身份信息画像，使其拥有高可信度的身份标识形式。

3. 部分私钥生成

在部分私钥生成阶段，北斗卫星地面控制段继续发挥密钥生成中心的作用，随机选取 $R_{ID} \in \mathbb{Z}_q^*$，利用输入的系统参数 $Params_{pub}$ 和主密钥 s，结合 ID_{BD}，依次计算 $PR_{ID} = R_{ID}P_{pub1}$、$PH_{ID} = H_1(ID_{BD}, PR_{ID}, P_{pub1})$ 和 $PS_{ID} = (R_{ID} + s^{-1}PH_{ID}) \bmod q$。

部分私钥 $PPK_{ID\text{-}BD} = (PS_{ID}, PR_{ID})$ 经过可靠信道，由北斗卫星地面控制段安全地传递至签名方（北斗卫星）。北斗卫星可以凭借验证 $PS_{ID}P_{pub1} = PR_{ID} + PH_{ID}P$ 是否成立，来验证接收的部分私钥是否真实有效并具有正确性。如果上式不成立，则可以认为部分私钥未能通过认证，且存在伪冒的可能性，那么北斗卫星可以拒绝该密钥，并重新申请有效的部分私钥，或者直接关闭此会话，终止执行后续认证协议流程；如果上式成立，则可以认为部分私钥通过认证且是真实可靠的，该部分私钥可以被签名方接收和保存，并为继续执行认证协议做好准备工作。

4. 验签公钥生成

拥有 ID_{BD} 的北斗卫星输入给定的系统参数 $Params_{pub}$ 和自身设置的秘密值 $SV_{ID\text{-}BD}$，通过计算 $P_{ID} = SV_{ID\text{-}BD}P_{pub1}$，提取验签公钥 $PK_{ID\text{-}BD} = (P_{ID}, PR_{ID})$，并公布给其他接收方。

5. 签名生成

针对待签名的 CNAV D1，签名方（北斗卫星）计算 $TK_{ID} = H_1(M_{D1}, PR_{ID}, P_{ID})$ 后，进行 $Sign\text{-}D1 = (TK_{ID}PS_{ID} + SV_{ID\text{-}BD})^{-1}P_{pub2}$ 的计算。

未附加签名的以超帧结构为单位的各 CNAV D1 拥有的保留位统计如表 8-2 所示。

表 8-2　CNAV D1 拥有的保留位统计

主 帧 编 号	子帧 1～子帧 4 保留位/ bit	子帧 5 保留位/bit	总计/bit
主帧 1～主帧 6		7	27
主帧 7	子帧 1：4	12	32
主帧 8	子帧 2：4	68	88
主帧 9	子帧 3：5	93	113
主帧 10	子帧 4：7	95	115
主帧 11～主帧 24		183	203

由表 8-2 可知，在 CNAV D1 中，除了子帧 5 的页面 11～页面 24（主帧 11 的子帧 5，主帧 12 的子帧 5，…，主帧 24 的子帧 5）的保留位较多，其他页面的保留位较少，分布较分散。BD-D1Sec 协议将 CNAV D1 的签名设计在保留位较多且分布较集中的保留位区域，以降低签名管理和维护的难度。

签名的长度为 G_1 中元素的长度 $|G_1|$。下面以 CNAV D1 超帧为基本单位，对认证协议设计的签名格式编排方式进行详细说明。BD-D1Sec 协议中的签名编排格式如图 8-3 所示。

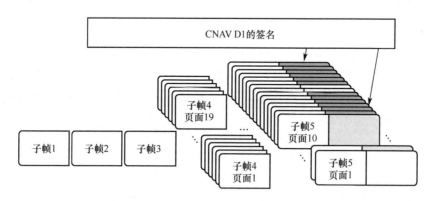

图 8-3　BD-D1Sec 协议中的签名编排格式

在 CNAV D1 中，每个超帧在逻辑上都可以分为导航信息和签名两部分。认证协议将长度为 1 024 bit 的签名拆分成（5×170+1×174）bit 的 6 部分，分别设计在子帧 5 的页面 11～页面 16 的保留位上。由于子帧 5 的页面 11～页面 24 的保留位较充裕，从缩短签名接收时间及提高其可靠性的角度考虑，在子帧 5 的页面 19～页面 24 的保留位上再次编排签名，作为备份信息。与上述签名编排方式类似，把长度为 1 024 bit 的签名切分成（$5 \times 170 + 1 \times 174$）bit 的 6 部分（在页面 19～页面 23 的每个页面上均设计 170 bit 的签名，在页面 24 上设置 174 bit 的签名剩余位），并设计在相应的保留位上。附加签名的 CNAV D1 在结构上仍包含一定数量未被征用的保留位，保留了 CNAV D1 的可扩展性。

BD-D1Sec 协议在每个超帧结构的 CNAV D1 中都设计两个签名编排方式，可以缩短接收方为接收签名而等待的时间。如果接收方刚好错过了上一个签名，则可以在较短的等待时间内接收到下一个签名来进行有效认证。这样的编排方式提高了导航信息认证协议的整体效率。导航信息和签名将由北斗卫星播发给接收方。

6. 签名验证

接收方作为验证签名方，利用接收到的 CNAV D1、签名、给定的系统参数、北斗身份信息 ID_{BD} 及对应的验签公钥，对接收到的签名进行验证。

首先计算 $\text{PH}_{\text{ID}} = H_1(\text{ID}_{\text{BD}}, \text{PR}_{\text{ID}}, P_{\text{pub1}})$、 $\text{TK}_{\text{ID}} = H_1(M_{\text{D1}}, \text{PR}_{\text{ID}}, P_{\text{ID}})$，然后计算 $\text{TK}_{\text{ID}}(\text{PR}_{\text{ID}} + \text{PH}_{\text{ID}}P) + P_{\text{ID}}$ 的值，并记为 V-Sign-D1。在完成上述运算过程后，接收方通过验证等式 $e(\text{Sign-D1}, \text{V-Sign-D1}) = e(P, P)$ 是否成立，验证签名是否具备有效性。图 8-4 给出了执行 BD-D1Sec 协议的过程。

如果签名通过验证，则说明 CNAV D1 通过了信息认证，所接收的北斗卫星导航信息未被篡改，拥有信息完整性，导航信息发送源是真实可靠的；如果签名未通过验证，则意味着 CNAV D1 未通过信息认证，所接收导航信息的发送源很可能是非法、不可靠的伪冒信息源，需要结合实际应用场景做进一步判断。下面对 BD-D1Sec 协议中导航信息有效签名的正确性验证进行概要证明。

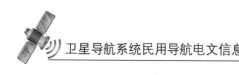

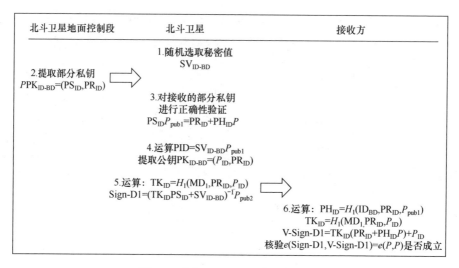

图 8-4　执行 BD-D1Sec 协议的过程

$e(\text{Sign-D1}, \text{V-Sign-D1})$

$= e[(\text{TK}_{\text{ID}}\text{PS}_{\text{ID}} + \text{SV}_{\text{ID-BD}})^{-1}P_{\text{pub2}}, \text{TK}_{\text{ID}}(\text{PR}_{\text{ID}} + \text{PH}_{\text{ID}}P) + P_{\text{ID}}]$

$= e\{[H_1(M_{\text{D1}}, \text{PR}_{\text{ID}}, P_{\text{ID}})(R_{\text{ID}} + s^{-1}\text{PH}_{\text{ID}}) + \text{SV}_{\text{ID-BD}}]^{-1}s^{-1}P,$
　　$H_1(M_{\text{D1}}, \text{PR}_{\text{ID}}, P_{\text{ID}})(R_{\text{ID}}sP + \text{PH}_{\text{ID}}P) + \text{SV}_{\text{ID-BD}}sP\}$

$= e\{[H_1(M_{\text{D1}}, \text{PR}_{\text{ID}}, P_{\text{ID}})(R_{\text{ID}} + s^{-1}\text{PH}_{\text{ID}}) + \text{SV}_{\text{ID-BD}}]^{-1}s^{-1}P,$
　　$H_1(M_{\text{D1}}, \text{PR}_{\text{ID}}, P_{\text{ID}})R_{\text{ID}}sP + H_1(M_{\text{D1}}, \text{PR}_{\text{ID}}, P_{\text{ID}})\text{PH}_{\text{ID}}Pss^{-1} + \text{SV}_{\text{ID-BD}}sP\}$

$= e\{[H_1(M_{\text{D1}}, \text{PR}_{\text{ID}}, P_{\text{ID}})(R_{\text{ID}} + s^{-1}\text{PH}_{\text{ID}}) + \text{SV}_{\text{ID-BD}}]^{-1}P,$
　　$H_1(M_{\text{D1}}, \text{PR}_{\text{ID}}, P_{\text{ID}})R_{\text{ID}}P + H_1(M_{\text{D1}}, \text{PR}_{\text{ID}}, P_{\text{ID}})\text{PH}_{\text{ID}}Ps^{-1} + \text{SV}_{\text{ID-BD}}P\}$

$= e\{[H_1(M_{\text{D1}}, \text{PR}_{\text{ID}}, P_{\text{ID}})R_{\text{ID}} + H_1(M_{\text{D1}}, \text{PR}_{\text{ID}}, P_{\text{ID}})\text{PH}_{\text{ID}}s^{-1} + \text{SV}_{\text{ID-BD}}]^{-1}P,$
　　$H_1(M_{\text{D1}}, \text{PR}_{\text{ID}}, P_{\text{ID}})R_{\text{ID}}P + H_1(M_{\text{D1}}, \text{PR}_{\text{ID}}, P_{\text{ID}})\text{PH}_{\text{ID}}Ps^{-1} + \text{SV}_{\text{ID-BD}}P\}$

$= e\{[H_1(M_{\text{D1}}, \text{PR}_{\text{ID}}, P_{\text{ID}})R_{\text{ID}} + H_1(M_{\text{D1}}, \text{PR}_{\text{ID}}, P_{\text{ID}})\text{PH}_{\text{ID}}s^{-1} + \text{SV}_{\text{ID-BD}}]^{-1}P,$
　　$H_1(M_{\text{D1}}, \text{PR}_{\text{ID}}, P_{\text{ID}})R_{\text{ID}} + H_1(M_{\text{D1}}, \text{PR}_{\text{ID}}, P_{\text{ID}})\text{PH}_{\text{ID}}s^{-1} + \text{SV}_{\text{ID-BD}}P\}$

$\because e(aP, bQ) = e(P, Q)^{ab}$

$\therefore e\{[H_1(M_{\text{D1}}, \text{PR}_{\text{ID}}, P_{\text{ID}})R_{\text{ID}} + H_1(M_{\text{D1}}, \text{PR}_{\text{ID}}, P_{\text{ID}})\text{PH}_{\text{ID}}s^{-1} + \text{SV}_{\text{ID-BD}}]^{-1}P,$
　　$H_1(M_{\text{D1}}, \text{PR}_{\text{ID}}, P_{\text{ID}})R_{\text{ID}} + H_1(M_{\text{D1}}, \text{PR}_{\text{ID}}, P_{\text{ID}})\text{PH}_{\text{ID}}s^{-1} + \text{SV}_{\text{ID-BD}}P\}$

$= e(P, P)^{[H_1(M_{\text{D1}}, \text{PR}_{\text{ID}}, P_{\text{ID}})R_{\text{ID}} + H_1(M_{\text{D1}}, \text{PR}_{\text{ID}}, P_{\text{ID}})\text{PH}_{\text{ID}}s^{-1} + \text{SV}_{\text{ID-BD}}]^{-1}[H_1(M_{\text{D1}}, \text{PR}_{\text{ID}}, P_{\text{ID}})R_{\text{ID}} + H_1(M_{\text{D1}}, \text{PR}_{\text{ID}}, P_{\text{ID}})\text{PH}_{\text{ID}}s^{-1} + \text{SV}_{\text{ID-BD}}]}$

$= e(P, P)$

BD-D1Sec 协议整体认证流程图如图 8-5 所示。

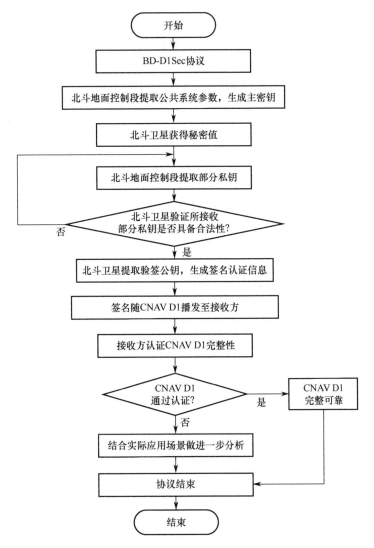

图 8-5　BD-D1Sec 协议整体认证流程图

8.3　BD-D1Sec 协议的安全性分析和 SVO 证明

本节对本章提出的基于无证书密码体制的 BD-D1Sec 协议进行安全性分析，并给出该协议的 SVO 证明过程。

8.3.1　BD-D1Sec 协议的安全性分析

信息伪造、信息篡改等恶意操作行为威胁着 CNAV D1 的安全。本小节将具体分析本章设计的认证协议是否达到协议需要满足的安全属性要求。

1. 认证性

认证协议通过验证导航信息的签名实现信息内容源认证，其采用的无证书签名方案具有适应性攻击情况下的不可伪造性。认证协议的安全性依赖于 k-CAA。认证协议为 CNAV D1 提供了认证性保护，守护了 CNAV D1 安全防护的第一道防线。北斗卫星作为导航信息发送方，使用只有自己知道的签名私钥对 CNAV D1 进行签名，接收方利用北斗卫星的公钥进行验签。正是因为只有北斗卫星的公钥才能验签，所以认证协议可以保证信息发送方身份真实可信，避免了欺骗方冒充北斗卫星播发虚假导航信息。

2. 抗抵赖性

在认证协议中，生成 CNAV D1 的签名所使用的完整私钥是由北斗卫星选取的秘密值与密钥生成中心生成的部分私钥协同产生的，不再仅仅依靠密钥生成中心或签名用户二者中的某一方。完整私钥由签名用户持有与秘密保存，对密钥生成中心来说是不可用的。因此，协议中的任何实体都无法伪造合法的完整签名私钥。也就是说，通过削减传统签名认证方案中赋予密钥生成中心的一部分权利，使密钥生成中心仅仅知晓其独自生成的部分私钥，而对生成完整签名私钥所需的其他信息一无所知。这样的设计使得签名方（北斗卫星）不能抵赖自己的行为，很好地解决了私钥泄露问题，并对第三方机构伪冒合法接收方身份，进而生成任意其他接收方私有密钥的安全威胁起到了很好的抵抗作用。本章提出的认证协议提供了真正意义上的抗抵赖性。

3. 防篡改和防伪造

由于北斗卫星使用其秘密保存的完整签名私钥对 CNAV D1 签名，而欺骗方无法拥有北斗卫星的完整签名私钥，因此不能生成合法的签名。非法实体通过截获真实的信息进行篡改或伪造信息的方式，将虚假的 CNAV D1 和签名转发给接收方。接收方验证签名时不能成功，即证明接收的 CNAV D1 不可信，是非法信息。接收方依照信息认证协议流程，可识别出欺骗方的篡改或伪冒操作，从而达到防篡改和防伪造的目的，即抗生成式欺骗攻击。

4. 完整性

在导航信息认证过程中，接收方可以判断接收的 CNAV D1 是否具备完整性。如果通过信息认证过程的导航信息满足完整性安全认证需求，那么接收方就能够确认接收到的 CNAV D1 是所声称的信息发送方北斗卫星播发的，在信息传输过程中没有欺骗方对 CNAV D1 进行非法操作。在执行该认证协议的过程中，设计在导航电文保留位上的签名作为验证导航信息完整性的依据，能够实现 CNAV D1 的完整性鉴别。

8.3.2　BD-D1Sec 协议的 SVO 证明

为了能够简明、直观且有效地验证安全认证协议的安全属性是否满足预期的安全目标，以及是否存在安全漏洞，选取并运用 SVO 逻辑对 BD-D1Sec 协议进行具体的安全性分析与验证。其中，北斗卫星地面控制段、北斗卫星和接收方分别用 GCS、BD 和 UR 表示。SVO 逻辑包含 MP、Nec 两个初始规则与 20 条逻辑推理公理。BD-D1Sec 协议的形式化分析和证明过程需要使用的初始规则和公理如下：

MP 规则：$(1-\varphi) \wedge (1-\varphi \supset \psi) \supset 1-\psi$，根据 φ 和 $\varphi \supset \psi$，可以推导出 ψ。

Nec 规则：$|-\varphi \supset |-P \text{ believes } \varphi$，根据 φ 可以推导出 $P \text{ believes } \varphi$。

公理 3（信任公理）：$P \text{ believes } \varphi \supset P \text{ believes } (P \text{ believes } \varphi)$。

公理 5（消息来源公理）：$PK_\sigma(Q,K) \wedge R \text{ received } X \wedge SV(X,K,Y) \supset Q$ said Y。

公理 7（接收公理 1）：$P \text{ received } (X_1,\cdots,X_n) \supset P \text{ received } X_i$。

公理 10（看见公理）：$P \text{ received } X \supset P \text{ sees } X$。

公理 14（说过公理）：$P \text{ says } (X_1,\cdots,X_n) \supset P \text{ said } (X_1,\cdots,X_n) \wedge P \text{ says } X_i$。

公理 18（新鲜性公理 2）：$\text{fresh}(X_1,\cdots,X_n) \supset \text{fresh}[F(X_1,\cdots,X_n)]$。

具体证明步骤如下：

步骤 1 结合 SVO 语义和语法对协议进行初始化描述，给出协议参与实体的初始信念和所接收信息的解释。

M1: GCS says $\text{Params}_{pub} = \{G_1, G_2, q, e, P, P_{pub}, H_1, e(P,P)\}$

M2: UR believes fresh（$SV_{\text{ID-BD}}$）

M3: UR believes fresh（R_{ID}）

M4: BD received $PPK_{\text{ID-BD}}$

M5: UR received $PK_{\text{ID-BD}}$

M6: UR believes $PK_\sigma(\text{BD}, PK_{\text{ID-BD}})$

M7: UR received $\{M_{\text{D1}} \| \text{Sign-D1} \| P_{pub1} \| P\}$

M8: BD received $\text{Params}_{pub} = \{G_1, G_2, q, e, P, P_{pub}, H_1, e(P,P)\}$

M9: UR received $\text{Params}_{pub} = \{G_1, G_2, q, e, P, P_{pub}, H_1, e(P,P)\}$

M10: GCS says $PPK_{\text{ID-BD}}$

步骤 2 设定通过 SVO 逻辑推理想要得到的协议目标，并利用 SVO 逻辑语言进行准确描述。

G: UR believes BD said M_{D1}

步骤 3　根据交互双方的初始信念和拥有的信息，依照认证协议过程，对步骤 2 中列出的协议目标进行推理证明。

（1）由 M1、M9、公理 10、公理 14 可得，UR sees Params$_{pub}$ = $\{G_1, G_2, q, e, P, P_{pub}, H_1, e(P,P)\}$。

（2）由 M1、M8、公理 10、公理 14 可得，BD sees Params$_{pub}$ = $\{G_1, G_2, q, e, P, P_{pub}, H_1, e(P,P)\}$。

（3）由 M4、M10、公理 10、公理 14 可得，BD sees PPK$_{ID\text{-}BD}$。

（4）由 M7、MP 规则、公理 3 可得，UR believes UR received $\{M_{D1}$ $\|$ Sign-D1 $\| P_{pub1} \| P\}$。

（5）由（4）、公理 7、Nec 规则可得，UR believes UR received $\{ M_{D1}$ $\|$ Sign-D1 $\}$。

（6）由（2）、（3）、（5）、M2、M3、公理 18 可得，UR believes fresh$\{ M_{D1} \|$ Sign-D1 $\}$。

（7）由 M5、公理 10 可得，UR sees PK$_{ID\text{-}BD}$。

（8）由（1）、（5）、（6）、（7）、M6、公理 5 可得，UR believes BD said M_{D1}。

根据上述对认证协议的 SVO 逻辑推理分析可知，认证协议目标 G 由（8）得证。

综上可知，本章提出的 BD-D1Sec 协议满足安全需求，具有良好的安全性。

8.4　仿真实验与结果分析

为了验证基于无证书签名的 BD-D1Sec 协议的实用性和有效性，本节介绍认证协议的具体实现。协议的每一步都表示一个不同的操作，不同的操作

对协议性能的影响不同，因此性能是多维的[8]。针对 CNAV D1 设计的 BD-D1Sec 协议的性能验证，本节将从计算成本、通信成本、协议执行各阶段的耗时 3 个方面来分析协议的性能。计算成本是系统在计算机性能相同的情况下能更快速地执行协议的重要因素。通信成本决定了发送方和接收方在一定卫星信道资源条件下的数据传输效率。协议执行各阶段的耗时决定了系统因协议的存在而产生的额外时间损耗。这样，BDS 就可以做好安全性和性能的平衡。

8.4.1 仿真环境及配置

图 8-6 所示为 BD-D1Sec 协议的仿真环境设计。签名端的实体利用签名私钥对 CNAV D1 进行签名，将产生的签名与导航信息一同发送给协议认证端。验签公钥也由签名端产生，用于验证签名。协议认证端利用验签公钥对收到的签名进行验证。

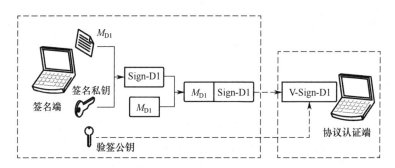

图 8-6　BD-D1Sec 协议的仿真环境设计

在装有 64 位 Windows 8.1 操作系统，配置为 Intel（R）Core（TM）i7-4510U CPU 2.60 GHz 处理器、12.0 GB RAM 的计算机上，开展 BD-D1Sec 协议仿真实验，验证 BD-D1Sec 认证协议的可行性和正确性。

仿真实验使用的开发环境为 Visual Studio Community 2019，采用 C 语言开发的 PBC（Pairing-Based Cryptography）库实现认证协议。PBC 库是一个开源且可移植的 C 语言函数库，目前已经更新到 pbc-0.5.14 版本。PBC 库为实现密码算法提供了便利。在实现密码算法的过程中，编程人员可以直接调用已封装好的相应函数，并不需要掌握复杂数学运算的具体实现方式或考虑具体的数学细节[9]。根据 PBC 库涵盖的密码运算操作，可实现基于双线性对的密码体制。

PBC 库中的双线性映射可用 $e:G_1 \times G_2 \to G_T$ 表示。其中，G_1 和 G_2 是加法群；G_T 是与 G_1 和 G_2 阶数相等的有限域上的乘法群。如果 G_1 和 G_2 是相同的群，那么该双线性对是一个对称配对；如果 G_1 和 G_2 是不同的群，那么该双线性对是一个非对称配对。PBC 库中的双线性配对有 A、B、C、D、E、F 和 G 7 种类型。在这 7 种配对类型中，A、D 和 F 类型是研究人员实现密码算法时主要选用的。A 类型配对的运算速度是最快的，而且是对称配对。D 类型配对和 F 类型配对运算速度虽然比 A 类型配对慢一些，但是可用最少的比特数表示元素类型。表 8-3 给出了 A 类型配对、D 类型配对和 F 类型配对的配对参数。其中，D159、D201 和 D224 这 3 种 D 类型配对的区别在于所选用的曲线参数不同。

表 8-3　A 类型配对、D 类型配对和 F 类型配对的配对参数　　　　单位：bit

参 数 名 称	A 类型配对	D 类型配对			F 类型配对
		D159	D201	D224	
加法群 G_1 的中元素	1 024	320	416	448	320
加法群 G_2 的中元素	1 024	960	1 248	1 344	640
乘法群 G_T 的中元素	1 024	960	1 248	1 344	1 920

8.4.2　设计与实现

调用配对初始化函数配置好椭圆曲线相关参数，选择由椭圆曲线 $y^2 = x^3 + x$ 定义的 A 类型配对，基域中数据的长度为 512 bit。在执行协议的具体算法之前，需要对准备使用的双线性对是否为对称配对进行核验和判断，如果该双线性对是对称配对，则可以继续执行后续算法流程；如果该双线性对是非对称配对，那么终止算法执行并退出程序。程序设计流程图如图 8-7 所示。

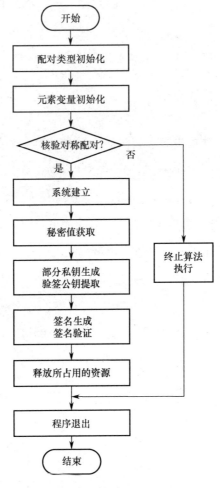

图 8-7 程序设计流程图

BD-D1Sec 协议可大致分为系统建立、秘密值获取、部分私钥生成及验签公钥提取、签名生成及签名验证几个阶段。执行该协议之初，针对给定的安全参数，需要选择相同阶的两个群和一个配对类型。通过运行系统建立算法，生成主密钥，部署各系统参数，为后续运行协议其他阶段的算法做好准备。系统建立阶段生成的主密钥 s、生成元 P、主公钥 $P_{pub} = \{P_{pub1}, P_{pub2}\}$ 及预计算出的 $e(P, P)$ 如图 8-8 所示。

Beidou D1 Navigation Message Authentication Protocol:
s=1312465241526557791731309955501356589579834335552
Params-pub:
P=[75493034058534490665211822521063908687708252829859238295262533183050536968576
99719762408209550256283122900110907746724958008200568203263655842380047575225, 3
71034914860625789474733590873735154029500599653256726559541948965790529297153785
0489096273947334981496219442289046604461242923236424310494843910480005809]
Ppub1 = [7968457128855843662900498284633747872386396030579263742480192883506829
5604092292890215577872581761143742182391756281946430651740342663432446597572659
632, 8140961438989696396191122186791214294483617712268514680349624333266264452
70041824387962360523261208615767940588997596217286853552521602933072008229326119]

Ppub2 = [1301829729323345338610729884243504131176066476438720258674660541885044 2
02689495777180807014957853098721216199668505131313804845660582668330253
360, 350140258993423571283356166081698829684631565727222460874116380863058662003
61571782565901467659862808148867351061229652487555362097439763864484280661570]
××××××××××××
e(P,P) = [2323927975738709341601704440853266579362463033699480206559327624734080
82138964873253422184889906056426864926713313116670935432350865909845284858421268
8816, 84368532247876594186786712250937640605208498742386049750751223084213261373
3253983916957402163126462395188971673559874700085596744731122120593955930435162 1
]
××

图 8-8　系统建立阶段的程序运行结果

图 8-8 中，$e(P,P)$ 展示的是系统初始化步骤中预计算出的 $e(P,P)$ 运行结果，为签名认证阶段提供了核验信息的"参考标准"。接收方根据接收到的数据进行运算，将得到一个运算结果。不过要想验证接收到的信息是否是完整的，还需要与信息发送方预先计算出的相对应的数据进行比对。因此，在系统初始化阶段预计算出 $e(P,P)$ 的步骤是必要的。系统初始化完毕后，运行秘密值获取算法，获取的秘密值如图 8-9 所示。

××
SV-ID-BD = 3080849791846167547610558503948844968751139862 7
××

图 8-9　秘密值获取阶段的程序运行结果

在输入公共系统参数 $\text{Params}_{\text{pub}}$ 后，凭借 ID_{BD}，通过执行获取秘密值算法，北斗卫星获取秘密值 $\text{SV}_{\text{ID-BD}}$，并将该秘密值秘密存储。秘密值获取算法运行完毕后，北斗卫星地面控制段作为 KGC，继续执行认证协议后续步骤，随机选择 $R_{\text{ID}} \in \mathbb{Z}_q^*$，输入系统参数、主密钥与 ID_{BD}，依次计算 $\text{PR}_{\text{ID}} = R_{\text{ID}} P_{\text{pub1}}$、$\text{PH}_{\text{ID}} = H_1(\text{ID}_{\text{BD}}, \text{PR}_{\text{ID}}, P_{\text{pub1}})$ 和 $\text{PS}_{\text{ID}} = (R_{\text{ID}} + s^{-1} \text{PH}_{\text{ID}}) \bmod q$ 后，得到部分私钥 $\text{PPK}_{\text{ID-BD}} = (\text{PS}_{\text{ID}}, \text{PR}_{\text{ID}})$。此阶段生成的信息如图 8-10 所示。

图 8-10　部分私钥生成阶段的程序运行结果

由于选用无证书密码体制，因此签名方（北斗卫星）需要结合北斗卫星地面控制段提取出的部分私钥和秘密值获取阶段获取的秘密值，才能生成完整的签名私钥。签名方在使用接收到的部分私钥生成完整的签名私钥之前，需要通过验证该部分私钥是否能够使等式 $PS_{ID}P_{pub1} = PR_{ID} + PH_{ID}P$ 成立，来验证其有效性和正确性。如果上述等式成立，则说明该密钥通过了验证，是真实可用的，可以参与签名私钥的生成过程，而未通过验证的部分私钥不得参与认证协议后续流程。验签公钥提取阶段的程序运行结果如图 8-11 所示。

图 8-11　验签公钥提取阶段的程序运行结果

验签公钥提取需要输入系统参数 Paramspub 和秘密值 $SV_{ID\text{-}BD}$，根据 $P_{ID} = SV_{ID\text{-}BD}P_{pub1}$ 计算出 P_{ID}，结合部分密钥生成阶段生成的 PR_{ID}，可以成功提取验签公钥 $PK_{ID\text{-}BD}$。至此，认证协议中所需密钥全部被提取出来，依照认证协议流程，将进入签名生成阶段。签名生成阶段的程序运行结果如图 8-12 所示。签名算法由信息发送方执行，在计算出 TK_{ID} 后，签名方计算 CNAV D1 的签名 Sign-D1。针对待签名信息生成的签名长度为 1 024 bit。

最后，接收方通过验证签名的有效性，鉴别所接收的 CNAV D1 是否可靠完整。具体来说，由接收方计算 PH_{ID}、TK_{ID} 和 V-Sign-D1，并核验是否满足 $e(\text{Sign-D1}, \text{V-Sign-D1}) = e(P, P)$。其中，$e(P, P)$ 与系统建立阶段预计算出的

$e(P,P)$ 结果应保持一致。如果上述等式成立，则说明收到的 CNAV D1 通过了认证，会输出"The Signature is Valid！"，意味着接收到的 CNAV D1 是完整的，认证 CNAV D1 的来源是北斗卫星；如果上述等式不成立，则会输出"The Signature is Invalid！"，意味着识别出伪冒的 CNAV D1，接收到的 CNAV D1 未通过认证，属于 CNAV D1 认证预警状态，信息完整性没有得到有效保证，所接收 CNAV D1 的来源不是北斗卫星，接收方需要依据实际应用场景做进一步评判。由于协议中的主密钥 s、秘密值 $SV_{\text{ID-BD}}$、R_{ID} 等是随机选取的，因此每次程序运行的结果都是不一样的。签名验证阶段的程序运行结果如图 8-13 所示。

图 8-12　签名生成阶段的程序运行结果

图 8-13　签名验证阶段的程序运行结果

8.4.3　实验结果分析

为了消除外部环境引入的干扰，直观、简明地反映仿真实验数据的变化趋势和一般水平，一共进行了 30 组仿真实验，每组设置 1 000 次仿真，并对实验结果求取平均值，以得到更稳定且更具代表性的数据。结合 BD-D1Sec 协议各步骤，对系统建立阶段、部分私钥生成阶段、秘密值获取及完整公/私钥对提取阶段、签名生成阶段和签名验证阶段所用时间进行了统计，以便于比较 BD-D1Sec 协议各实现阶段的具体耗时，分析协议的整体效率。BD-D1Sec 协议各阶段所用时间如图 8-14 所示。

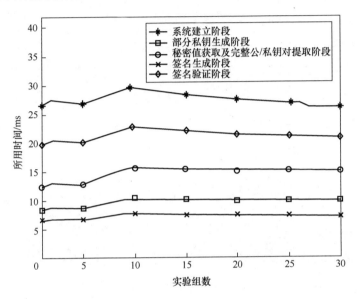

图 8-14   BD-D1Sec 协议各阶段所用时间

BD-D1Sec 协议各阶段所用时间的 30 000 次仿真实验结果的平均值如表 8-4 所示。由于该协议各阶段所用时间较短，单次测量的误差较大，因此在实验次数较少时，数据有一定程度的上下波动。随着实验次数的增加，数据趋于稳定的状态，因此通过大量的仿真实验，可以得到稳定的算法运行时间。

表 8-4   BD-D1Sec 协议各阶段所用时间

协议阶段	所用时间/ms
系统建立阶段	26.956 5
部分私钥生成阶段	9.883 9
秘密值获取及完整公/私钥对提取阶段	15.037 6
签名生成阶段	7.156 9
签名验证阶段	21.001 2

为了较为直观地比较协议不同阶段的所用时间，图 8-15 给出了 BD-D1Sec 协议各阶段的平均所用时间，图 8-16 展示了 BD-D1Sec 协议各阶段所用时间占比。由图 8-16 可见，系统建立阶段所用时间占比较大，是因为在公共系统参数提取步骤中，涉及计算复杂度较高且较为耗时的对运算 $e(P,P)$；签名验证阶段所用时间占比签名生成阶段所用时间长，从计算量的角度出发，签名验证阶段需要完成计算量相对较大的配对运算，而签名生成阶段未涉及配对操作。仿真实验结果与理论运算结果相符。

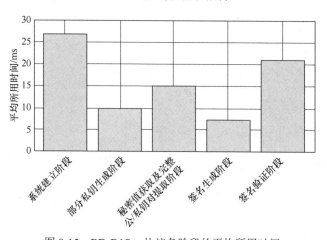

图 8-15　BD-D1Sec 协议各阶段的平均所用时间

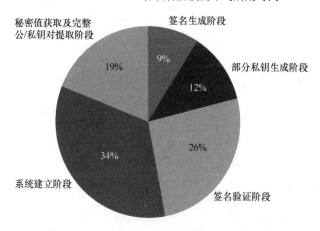

图 8-16　BD-D1Sec 协议各阶段所用时间占比

接收方依照认证协议流程，对所接收的导航信息进行认证，运行签名验

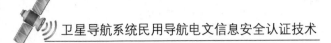

证算法会耗费一定的时间。也就是说，认证协议在为导航信息提供安全保障的同时，势必会引入一定的认证延迟。除了导航信息的认证工作需要接收方完成，主密钥与系统参数提取的系统初始化、密钥提取及签名生成都是由北斗卫星地面控制段与北斗卫星协同完成的。按照认证协议参与实体划分，统计北斗卫星地面控制段和北斗卫星（以下简称北斗系统端）与接收方二者各自执行属于自己的认证协议步骤所用时间，包括最长运行时间、最短运行时间和平均运行时间，如图 8-17 所示。从图 8-17 可以看出，北斗系统端参与认证协议的最长运行时间为 63.530 ms，最短运行时间为 53.721 ms，平均运行时间为 58.231 ms。相比于北斗系统端，接收方参与认证协议的最长运行时间为 23.024 ms，最短运行时间为 19.962 ms，平均运行时间为 21.001 ms。

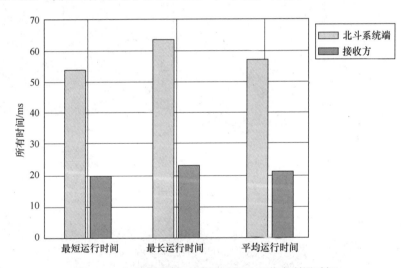

图 8-17　北斗系统端与接收方处理认证信息所用时间

接收方利用 CNAV D1 进行导航定位是一个实时连续的过程，如果引入的信息认证机制，在为 CNAV D1 提供完整性保障的同时，给 BDS 带来的额外计算负担过重，则会造成较大的认证延迟。从上述仿真实验结果可以看出，执行 BD-D1Sec 协议给北斗系统端额外带来的认证信息生成延迟和为接收方额外带来的认证延迟均在合理范围内，未给 BDS 整体带来明显的计算负担，较好地保证了认证时效性和有效性。对于认证协议所需要的通信成本，主要从签名的长度进行分析。BD-D1Sec 协议中签名的长度为 1 024 bit，因此引入的信息认证机制将为现有北斗卫星导航系统带来额外的 1 024 bit 通信成本。

几种认证协议在通信成本和计算成本方面的比较如表 8-5 所示。由于配对运算、点乘运算、映射到点哈希运算和指数运算这 4 类运算的计算成本相比于其他运算更大，也更耗时，因此在分析协议计算成本的过程中，其他运算带来的计算成本可以不做重点考虑。表 8-5 中，PP 代表运算量较大的配对运算；MP 代表循环群中的点乘运算；HMTP 代表一种较低效的映射到点哈希运算；EXP 代表循环群中的指数运算。

表 8-5　几种认证协议在通信成本和计算成本方面的比较

认 证 协 议	通信成本/bit	计 算 成 本	
		签名生成阶段	签名验证阶段
BD-D1Sec 协议	1 024	MP	MP+PP
参考文献［10］	160	MP	MP +2PP
参考文献［11］	1 024	2MP+2HMTP	MP+3HMTP+4PP
参考文献［12］	3 072	3EXP	EXP +5PP
参考文献［13］	1 024	3MP+HMTP	3MP +3HMTP +3PP

由表 8-5 可以看出，5 种认证协议的性能各有优劣。在计算成本方面，BD-D1Sec 协议在签名生成阶段需要进行一次点乘运算，在签名验证阶段需要进成一次点乘运算与一次配对运算。虽然 BD-D1Sec 协议在通信成本方面相比于参考文献［10］的协议未体现出优势，但在计算复杂度方面优于参考文献［10］的协议，说明 BD-D1Sec 协议所消耗的计算成本更低，认证效率更高，处理数据使用的资源更少。与参考文献［11-13］的协议的计算成本相比，BD-D1Sec 协议拥有的优势主要体现在涉的配对运算较少，且整个认证协议不需要进行效率较低、较复杂的映射到点哈希运算，可以较小的计算成本和较高的效率有效地保证导航信息的安全性。基于以上分析可知，BD-D1Sec 协议在计算成本方面拥有较好的性能，通信成本在合理的可接受范围内，适合应用于 BDS 领域。

为了将 BD-D1Sec 协议与其他 4 种认证协议在通信成本方面进行直观的比较和分析，对 5 种认证协议的通信成本进行了统计，结果如图 8-18 所示。由表 8-5 和图 8-18 可见，参考文献［10］的协议在通信成本方面优势较明显，所需的通信成本最小，优于其他认证协议；其次是 BD-D1Sec 协议、参考文献［11］的协议与参考文献［13］的协议；参考文献［12］的协议的通信成本最大。

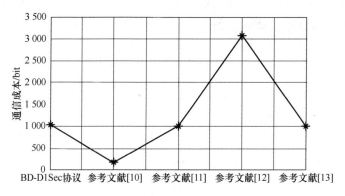

图 8-18　5 种认证协议的通信成本比较

8.5　小结

本章首先介绍了一种有效解决 CNAV D1 安全认证问题的协议，然后根据 CNAV D1 特点，结合无证书签名体制，设计并详细介绍了适用于 CNAV D1 的 BD-D1Sec 协议。该协议为 BDS 引入信息认证机制，在满足 CNAV D1 认证需求的同时，避免了密钥托管问题。最后，采用 C 语言，在 Visual Studio Community 2019 开发环境中，对所提出的认证协议进行了仿真实验，从各阶段所用时间、计算成本和通信成本 3 个方面对认证协议进行了性能分析。本章设计的 BD-D1Sec 协议在保证较好的认证时效性（接收方的每次认证延迟达到 7×10^{-4} s）、较低的计算成本与通信成本（相比于其他无证书签名认证协议，具有较少的计算量和较低的通信成本）的同时，保证了 CNAV D1 的安全性（通过无证书签名方案保证 CNAV D1 的完整性和不可否认性）。

本章参考文献

[1] 中国卫星导航系统管理办公室. 北斗卫星导航系统空间信号接口控制文件公开服务信号(2.1 版): BDS-SIS-ICD-2.1[Z]. 2016.

[2] 刘天雄. 卫星导航系统概论[M]. 北京: 中国宇航出版社, 2017.

[3] 罗园. BD2 用户机数据处理模块软件设计[D]. 武汉: 华中科技大学, 2008.

[4] AL-RIYAMI S, PATERSON K. Certificateless public key cryptography [C]//Proceedings of the International Conference on the Theory and Application of Cryptology and Information Security. Berlin: Springer, 2003: 452-473.

[5] 陈楠, 张建中. 一种基于无证书的门限盲代理盲签名方案[J]. 咸阳师范学院学报, 2013, 28(6): 4-6.

[6] KARATI A, BISWAS G P. Cryptanalysis and improvement of a certificateless short signature scheme using bilinear pairing[C]//Proceedings of the International Conference on Advances in Information Communication Technology & Computing. Piscataway: IEEE Press, 2016: 1-6.

[7] WU Z J, ZHANG Y, LIU L, et al. TESLA-based authentication for BeiDou civil navigation message[J]. China Communications, 2020, 17(11): 194-218.

[8] VAN DER KOUWE E, HEISER G, ANDRIESSE D, et al. Benchmarking flaws undermine security research[J]. IEEE Security & Privacy, 2020, 18(3): 48-57.

[9] 李发根, 吴威峰. 基于配对的密码学[M]. 北京: 科学出版社, 2014.

[10] 左黎明, 陈兰兰, 周庆. 一种基于证书的短签名方案[J]. 山东大学学报, 理学版, 2019, 54(1): 79-87.

[11] HUNG Y H, TSENG Y M, HUANG S S. A revocable certificateless short signature scheme and its authentication application[J]. Informatica, 2016, 27(3): 549-572.

[12] 杨小东, 王美丁, 裴喜祯, 等. 一种标准模型下无证书签名方案的安全性分析与改进[J]. 电子学报, 2019, 47(9): 1972-1978.

[13] CHOI K Y, PARK J H, LEE D H. A new provably secure certificateless short signature scheme[J]. Computers & Mathematics With Applications, 2011, 61(7): 1760-1768.

第 9 章
基于身份签名的北斗 D2 民用导航电文信息认证协议

北斗民用 D2 导航电文（CNAV D2）在开放的信道中传输时面临信息被伪造和被篡改的威胁，容易遭受欺骗攻击。为了解决 CNAV D2 因缺乏认证机制而存在安全隐患的问题，本章在对 CNAV D2 组成结构分析的基础上，设计了基于身份签名体制的 CNAV D2 认证协议，称为 BD-D2Sec 协议。该协议可提供信息源认证和信息完整性保护，实现 CNAV D2 防篡改和防伪冒的功能。BD-D2Sec 协议可以有效地减少传统签名认证方案中数字证书分发和更新等处理环节，提高认证协议的整体效率和认证效率，拥有较好的认证时效性与较少的计算成本和通信成本。

9.1　身份签名对北斗 D2 民用导航电文认证的适用性分析

国际上针对 GNSS CNAV 抗欺骗的研究已经取得了很多成果。这些成果采用的方法主要分为基于密码的认证和基于信号的检测两大类[1]。基于密码的认证方法主要包括基于 ECDSA[2]的认证方法、基于 TESLA[3]的认证方法和 ECDSA 和 TESLA 混合的认证方法[1]；基于信号的检测方法主要包括信号功率监测[4]、信号质量监测[5]、到达方向区分[6]、多天线技术[7]与接收方自主相关监视[8]等。本章针对基于密码的认证方法对几个典型文献进行分析和总结。

1. 基于 ECDSA 的认证方法

该方法采用 ECDSA 生成签名，设计数字签名在 GPS 的 CNAV 中的具体编排方式。通过数字签名方式生成签名，接收方根据签名验证接收到 CNAV 的可靠性和真实性。此外，该方法利用密码学方法实现欺骗干扰识别，降低了欺骗方实现欺骗攻击的可能性。但是，数字签名使用非对称的密码体制，对于大数据量的 GNSS，非对称加密比对称加密具有更大的计算成本。

2. 基于 TESLA 的认证方法

CNAV 认证方案虽然可以大大减小使用非对称加密认证的计算成本和认证时间损耗，但提高了方案的复杂度。即使 TESLA 协议具有松散的同步，也仍可能造成接收方因为同步而产生认证困难等问题。

3. 混合认证方法

该方法针对 BDS，应用 ECDSA 和 TESLA 混合的认证方法，分别设计超帧电文认证方案和主帧组电文认证方案，并对认证方案中电文的具体编排方式进行了说明。该方法的巧妙之处在于针对数据量大的超帧认证采用 TESLA 认证，针对数据量小的主帧组认证采用对称加密。其中，超帧电文认证方案中给出了当前使用密钥与备用公钥共同组成的密钥更新信息。但是，TESLA 协议不具备标准化的算法规范，加上 ECDSA 的计算成本较大，因此该方法的复杂度和实现难度都比较高。

目前，针对 GNSS CNAV 的抗欺骗方法大多集中在接收方进行欺骗信号检测。这类方法存在几个缺陷：第一，在信号检测方面，无法保证正确检测的有效性；第二，在信息属性方面，无法满足 CNAV 的认证性、完整性、有效性和不可否认性；第三，在 CNAV 安全认证方面，存在密钥安全性、加密认证增大计算成本和首次认证时间等问题；第四，在成本方面，需要接收方额外增加硬件[1]。

本章采用基于身份加密的方式来避免上述问题，即采用一种具有健壮性的抗欺骗方法——基于密码的信息认证，结合 CNAV D2 的具体特性，提出一种基于身份签名的 CNAV D2 认证协议，从信息安全角度保证了 CNAV D2 的完整性和不可否认性，并从信息传输可靠性角度保证了 CNAV D2 的认证性和有效性。此外，由于该方法是从 CNAV 自身结构与可扩展性入手展开设计的，因此相比于其他需要增加额外基础设施的抗欺骗检测方法，该方法对系统的整体影响较小，并且引入的附加硬件成本也较小[9]。

9.2　北斗 D2 民用导航电文的结构

CNAV D2 的传输速率为 500 bit/s，电文内容为基本导航信息、北斗系统完好性及差分信息、全部卫星历书信息、格网点电离层信息及与其他系统时间同步信息，由 GEO 卫星进行播发。其中，基本导航信息由子帧 1 的 10 个页面分时进行播发，全部卫星历书信息及与其他系统时间同步信息由子帧 5 的 120 个页面分时播发给接收方[10]。

CNAV D2 的内容除包含全部基本导航信息外，还包含增强服务信息。增强服务信息中的北斗系统完好性及差分信息编排在子帧 2～子帧 4 分时发送的 6 个页面上。格网点电离层信息作为第二部分增强服务信息，编排在子帧 5 分时发送的 120 个页面上[10]。

CNAV D2 拥有超帧、主帧和子帧 3 种固定的格式。每个主帧包含 5 个子帧，5 个子帧各自包含的页面构成了主帧结构。子帧 1 包含 10 个不同的页面数据，子帧 2～子帧 4 分别包含 6 个不同的页面数据，子帧 5 包含 120 个不同的页面数据。在每个主帧重复时都更换 1 个新的页面，每个页面的信息格式编排方式与帧格式均存在一定的差异，不是完全一致的。由于 5 个子帧所包含的页面数不同，因此在每个超帧结构中，子帧 1 的 10 个页面的完整电文信息都会被播发 12 次。子帧 2～子帧 4 的 6 个页面的完整电文信息都会被播发 20 次。

相对应地，子帧 5 的 120 个页面的完整电文信息仅仅被播发 1 次。

CNAV D2 的帧结构和播发顺序如图 9-1 所示[10]。每个子帧结构的 CNAV D2 含有 300 bit 数据，每个子帧由 10 个字组成，经过 0.06 s，就可以将每个字所包含的 30 bit 数据传输完毕。每个主帧结构含有 1 500 bit 数据，历时 3 s 可以将主帧结构的 CNAV D2 播发完毕。CNAV D2 的每个超帧结构包含的数据量均为 180 000 bit，仅仅需要 6 min 就可以播发一条超帧结构的完整 CNAV D2。

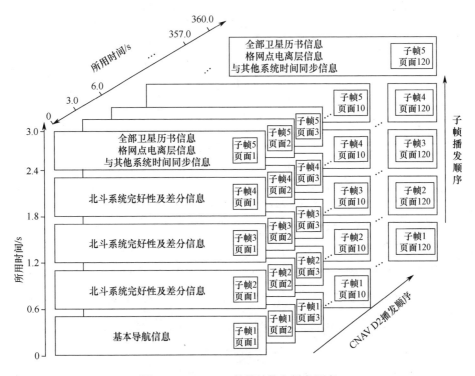

图 9-1　CNAV D2 的帧结构和播发顺序

CNAV D2 进行信息格式编排时，保留了分布较集中且数量较充裕的信息位，即保留位。CNAV D2 各个子帧中保留位的数量与分布不一致，如表 9-1～表 9-3 所示[10-11]。

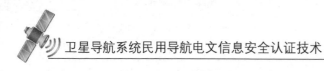

表 9-1　CNAV D2 子帧 1 中的保留位

页　面　编　号	保留位/bit
1	166
2、4～7、9	162
3	198
8	160
10	207

表 9-2　CNAV D2 子帧 2～子帧 4 中的保留位

子　帧　编　号	页　面　编　号	保留位/bit
2	1～6	65
3	1～6	156
4	1～6	190

表 9-3　CNAV D2 子帧 5 中的保留位

页　面　编　号	保留位/bit
1～12、61～72	14
13、73	65
14～34、74～94、103～120	183
35	12
36	68
37～60、95～100	7
101	93
102	95

根据表 9-1～表 9-3 中对 CNAV D2 中保留位的统计可以看出，CNAV D2 中的保留位长度较长。针对 CNAV D2 的签名，本章提出的 BD-D2Sec 协议设计在 CNAV D2 中大块连续的保留位区段上，以便对其进行集中高效的管理和维护[10,11]。

9.3　BD-D2Sec 协议

针对基于数字证书的公钥密码体制中维护全部密钥引入的数字证书管理，Shamir[12]提出的基于身份的公钥密码体制有效地简化了密钥管理难题。在该体制中，每个实体都可以利用唯一标识其本身的姓名标识符、身份证号、电子邮箱地址和手机号码等身份信息作为公钥，或利用这些信息计算求得公钥。由于该公钥本身实现了与用户身份的绑定，因此各个通信参与方不再需要进行公钥的存储和签署，也不必获取数字证书来为公钥可靠性提供保障。基于身份的公钥密码体制有效地简化了密钥管理。

基于身份的公钥密码体制通常有密钥生成中心、信息发送实体与信息接收实体 3 个参与方参与到身份签名方案中。一般地，密钥生成中心完成系统建立和密钥提取；信息发送实体主要负责生成签名；信息接收实体完成签名验证。

（1）系统建立：密钥生成中心根据输入的安全参数，输出系统参数和主密钥。其中，主密钥作为密钥生成中心的秘密信息，需要秘密存储。由于系统参数在后续步骤中作为输入的已知信息，因此系统参数公开发布给其他参与方。

（2）密钥提取：根据系统参数、主密钥及用户身份输出签名私钥，并由密钥生成中心完成该步骤。在身份签名方案中，此时的用户身份或利用该用户身份计算得到的可公开信息，将作为验证签名的公钥。与用户身份相对应的签名私钥不可公布给其他参与方，必须经由可靠信道传递给信息发送实体。

（3）生成签名：信息发送实体作为签名方，执行相应算法。具体来说，以系统参数、身份信息、签名私钥和待签名的明文作为输入，输出签名。

（4）签名验证：信息接收实体作为验证签名方，输入系统参数、公钥的信息发送实体的身份信息、接收到的信息及签名，验证签名是否有效。

9.3.1　BD-D2Sec 协议设计

BD-D2Sec 协议整体分为 5 个阶段，分别是系统建立、北斗地面控制段密

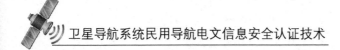

钥获取、北斗卫星密钥生成、签名生成与签名验证。在该协议具体设计中，除实际参与导航信息认证过程的接收方外，还引入两个实体：北斗地面控制段和北斗卫星。其中，北斗地面控制段负责密钥生成、公共系统参数提取及全生命周期安全管理；北斗卫星主要负责将 CNAV 播发给接收方，以便接收方利用 CNAV 进行定位[13-15]。

1. 系统建立

北斗地面控制段履行密钥生成中心的职责，负责执行系统建立阶段各步骤。首先，选择一个大素数 q，输出两个 q 阶的循环群 G_1 和 G_2 以及双线性映射 $e:G_1 \times G_1 \to G_2$，选取 P、Q 作为 G_1 的两个生成元。然后，随机选取一个 $s \in \mathbb{Z}_q^*$ 作为主密钥，并运算 $P_{\mathrm{pub}} = sP$ 和 3 个安全的单向哈希函数 $H_1:\{0,1\}^* \to \mathbb{Z}_q^*$、$H_2:\{0,1\}^* \to \mathbb{Z}_q^*$ 和 $H_3:\{0,1\}^* \to \mathbb{Z}_q^*$。最后，北斗地面控制段生成 BD-D2Sec 协议所需的全部公共系统参数 $\mathrm{Params} = \{q, G_1, G_2, e, P, Q, P_{\mathrm{pub}}, H_1, H_2, H_3\}$，并公开发布。$s$ 作为秘密信息，需要安全地保存在北斗地面控制段中。

2. 北斗地面控制段密钥获取

北斗地面控制段随机选取 $r_{\mathrm{GCS}} \in \mathbb{Z}_q^*$，输入系统参数 Params、自身身份信息 $\mathrm{ID}_{\mathrm{GCS}}$ 和主密钥 s，依次计算 $R_{\mathrm{GCS}} = r_{\mathrm{GCS}}P$，$H_{\mathrm{GCS}} = H_1(\mathrm{ID}_{\mathrm{GCS}}, R_{\mathrm{GCS}})$ 和 $S_{\mathrm{GCS}} = (r_{\mathrm{GCS}} + H_{\mathrm{GCS}}s)Q$。北斗地面控制段利用可靠信道，将 $\{R_{\mathrm{GCS}}, S_{\mathrm{GCS}}\}$ 发送给北斗卫星。

3. 北斗卫星密钥生成

该阶段由北斗卫星完成，首先随机产生 $r_{\mathrm{BD}} \in \mathbb{Z}_q^*$，然后结合上一步接收到的数据 $\{R_{\mathrm{GCS}}, S_{\mathrm{GCS}}\}$、北斗卫星身份 $\mathrm{ID}_{\mathrm{BD}}$ 与北斗地面控制段身份 $\mathrm{ID}_{\mathrm{GCS}}$，依次计算 $R_{\mathrm{BD}} = r_{\mathrm{BD}}P$，$H_{\mathrm{BD}} = H_2(\mathrm{ID}_{\mathrm{GCS}}, R_{\mathrm{GCS}}, \mathrm{ID}_{\mathrm{BD}}, R_{\mathrm{BD}})$ 和 $S_{\mathrm{BD}} = S_{\mathrm{GCS}} + H_{\mathrm{BD}}r_{\mathrm{BD}}Q$。

4. 签名生成

该阶段由北斗卫星执行，具体步骤如下：北斗卫星随机选取 $r_m \in \mathbb{Z}_q^*$，并计算 $R_m = r_m P$。R_m 是完整签名的部分信息，需要结合其自身的身份信息 $\mathrm{ID_{BD}}$ 与上一步获得的数据 $\{\mathrm{ID_{GCS}}, R_{GCS}, \mathrm{ID_{BD}}, R_{BD}, S_{BD}\}$，分别计算 $H_m = H_3(M_{D2}, \mathrm{ID_{GCS}}, R_{GCS}, \mathrm{ID_{BD}}, R_{BD}, R_m)$ 和 $S_m = S_{BD} + H_m r_m Q$。北斗卫星生成 CNAV D2 的签名 Sign-D2 $= \{R_{GCS}, R_{BD}, R_m, S_m\}$。

本章提出的 BD-D2Sec 协议将签名设计在分布较集中的保留位区域，以便对其进行有效的管理、维护和更新。对分布较连续和集中的 CNAV D2 保留位进行统计，如表 9-4 所示[11]。

表 9-4　分布较连续和集中的 CNAV D2 保留位

子 帧 编 号	页 面 编 号	起始位置/bit	结束位置/bit	保留位长度/bit
1	1～10	151	300	150
4	1～6	44	228	185
5	14～34	51	228	178
5	74～94	51	228	178
5	103～120	51	228	178

由表 9-3 和表 9-4 可知，以一个超帧结构为例，子帧 1 的全部页面与子帧 4 的全部页面都包含连续分布的保留位。子帧 5 虽然拥有 120 个页面，页面数量最多，但是半数页面上的保留位并不充裕。而且，子帧 5 的保留位分布比子帧 1 与子帧 4 更为分散。再者，与子帧 5 的页面数量及电文播发周期相比，子帧 1 与子帧 4 的页面数量较少，且电文播发周期较短。也就是说，如果把签名设计在子帧 1 与子帧 4 中，则有助于更好地保证签名的实时性。

因此，子帧 5 并不是 CNAV D2 的签名编排位置的设计首选。CNAV D2 的签名编排设计侧重于考虑子帧 1 与子帧 4。子帧 1 所有页面的 150 bit 与子帧 4 所有页面的 185 bit 保留位，将被用于编排签名。BD-D2Sec 协议中的签名编排格式如图 9-2 所示[9]。

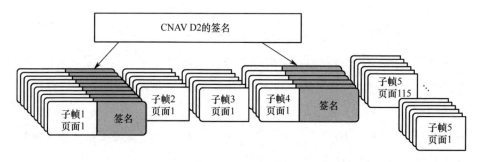

图 9-2　BD-D2Sec 协议中的签名编排格式

5. 签名验证

接收方作为签名验证者，通过确认 Sign-D2 的可靠性，鉴别所接收的 CNAV D2 来源是否为真实的信息发送实体[13-15]。首先，由作为协议认证端的接收方按顺序计算 $H_{GCS} = H_1(ID_{GCS}, R_{GCS})$、$H_{BD} = H_2(ID_{GCS}, R_{GCS}, ID_{BD}, R_{BD})$ 和 $H_m = H_3(M_{D2}, ID_{GCS}, R_{GCS}, ID_{BD}, R_{BD}, R_m)$。然后，接收方核验 $e(R_{GCS} + H_{GCS}P_{pub} + H_{BD}R_{BD} + H_m R_m, Q)$ 与 $e(S_m, P)$ 是否一致，如果二者一致，那么接收方认定签名有效，CNAV D2 通过认证，可以确认所接收的 CNAV D2 是合法且完整的；如果二者不一致，则接收方认定签名无效，CNAV D2 未通过认证，需要对接收的 CNAV D2 发出警告，并结合实际应用情况对 CNAV D2 做进一步考虑。

下面对 BD-D2Sec 协议中 CNAV D2 有效签名的正确性验证进行概要证明。

$$e(R_{GCS} + H_{GCS}P_{pub} + H_{BD}R_{BD} + H_m R_m, Q)$$
$$= e(r_{GCS}P + H_{GCS}sP + H_{BD}r_{BD}P + H_m r_m P, Q)$$
$$= e[(r_{GCS} + H_{GCS}s + H_{BD}r_{BD} + H_m r_m)P, Q]$$
$$\because e(nP, Q) = e(P, nQ) = e(nQ, P)$$
$$\therefore e[(r_{GCS} + H_{GCS}s + H_{BD}r_{BD} + H_m r_m)P, Q]$$
$$= e[(r_{GCS} + H_{GCS}s + H_{BD}r_{BD} + H_m r_m)Q, P]$$
$$= e\{[(r_{GCS} + H_{GCS}s) + H_{BD}r_{BD} + H_m r_m]Q, P\}$$
$$= e[(r_{GCS} + H_{GCS}s)Q + H_{BD}r_{BD}Q + H_m r_m Q, P]$$
$$= e(S_{GCS} + H_{BD}r_{BD}Q + H_m r_m Q, P)$$
$$= e(S_{BD} + H_m r_m Q, P) = e(S_m, P)$$

图 9-3 所示为 BD-D2Sec 协议的认证流程图。

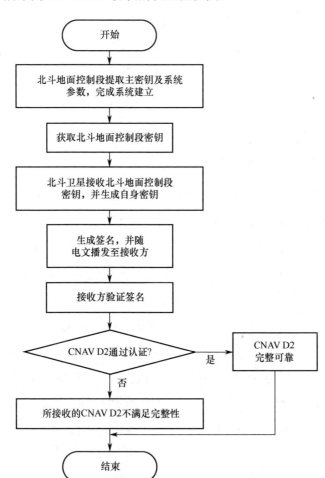

图 9-3　BD-D2Sec 协议的认证流程图

9.3.2　BD-D2Sec 协议的安全性分析

本小节从满足的安全属性方面分析 BD-D2Sec 协议的安全性[13-15]。

1. 认证性和有效性

BD-D2Sec 协议的设计基于身份签名理论，采用数字签名的方法实现导航信息内容源认证和完整性确认。该协议的安全性依赖于计算 Diffie-Hellman。

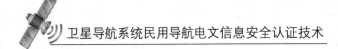

基于身份签名的公钥由可公开的身份信息计算产生或与其密切相关，不需要第三方机构参与 CNAV D2 认证过程，也不需要数字证书支持签名方与其持有的公钥之间的可靠对应关系，节约了存储资源，有效简化了基于数字证书密码方案烦琐的密钥管理。接收方利用该协议能够辨别出给定 CNAV D2 的真正来源。因此，BD-D2Sec 协议在满足 CNAV D2 认证性和有效性的同时，可行性和实用性较强，整体效率较高。

2. 完整性保护与抗抵赖性

针对 CNAV D2 的安全性认证需求，设计在 CNAV D2 保留位上的签名认证信息作为验证 CNAV D2 完整性的依据，对 CNAV D2 实施完整性鉴别。如果 CNAV D2 在信息发送实体到信息接收实体的信息传输过程中已经被篡改或被伪造，那么接收方接收到的 CNAV D2 的完整性就会遭到破坏，无法通过认证，签名失效；而具备完整性的 CNAV D2 则可以通过信息接收实体的认证。签名私钥由签名方（北斗卫星）持有与秘密保存，协议中的任何实体都无法伪造出合法的签名私钥，签名私钥对于协议中北斗卫星以外的其他参与方都是不可用的。因此，BD-D2Sec 协议通过验证签名，可以对 CNAV D2 的完整性和真实性做出判断，有效解决 CNAV D2 来源的可靠性问题，确保接收方接收的 CNAV D2 与信息源发出的信息一致，为 CNAV D2 提供了完整性保护与抗抵赖性。

3. 防篡改和防伪造

BD-D2Sec 协议通过验证 CNAV D2 完整性，可实现对传输数据内容的保护，保证接收方获得的 CNAV D2 不是由伪冒信息源发出的。签名是由签名实体利用其私下保存的私钥生成的，因此引入的身份签名使信息发送实体无法否认其自身的签名，并且为信息接收实体提供了有效认证 CNAV D2 的方法。如果 CNAV D2 在北斗卫星与接收方之间的通信信道中传输时遭到信息篡改或信息伪造，那么传递到接收方的虚假 CNAV D2 不能够通过认证。BD-D2Sec 协议可以使信息接收方识别出篡改 CNAV D2 或伪造 CNAV D2 内容的恶意操作，提高了 CNAV D2 的安全性，达到了防篡改和防伪造的目的，即抗生成式欺骗攻击。

9.3.3　BD-D2Sec 协议的 SVO 证明

SVO 逻辑推理作为检验协议的有效途径，拥有可供安全协议属性推理的全部公理和初始规则，在认证协议的安全性分析方面起着重要作用。基于 SVO 逻辑的形式化分析方法成为协议形式化逻辑分析中广为应用的方法[13]。

为了能够简明、直观地验证安全认证协议是否满足预期的安全目标，选取并运用 SVO 逻辑对 BD-D2Sec 协议进行具体的安全性分析与验证。其中，北斗地面控制段、北斗卫星和接收方分别用 GCS、BD 和 UR 表示。BD-D2Sec 协议的形式化分析和证明过程需要使用的 SVO 逻辑初始规则和公理如下。

Nec 规则：$|\!-\varphi \supset |\!-P$ believes φ，根据 φ 可以推导出 P believes φ。

公理 5（消息来源公理）：$\mathrm{PK}_\sigma(Q,K) \wedge R$ received $X \wedge \mathrm{SV}(X,K,Y) \supset Q$ said Y。

公理 10（看见公理）：P received $X \supset P$ sees X。

公理 14（说过公理）：P says $(X_1,\cdots,X_n) \supset P$ said $(X_1,\cdots,X_n) \wedge P$ says X_i。

公理 18（新鲜性公理 2）：fresh$(X_1,\cdots,X_n) \supset$ fresh$[F(X_1,\cdots,X_n)]$。

具体证明步骤如下。

步骤 1　结合 SVO 语义和语法对协议进行初始化描述和必要的假设，给出协议参与方的初始信念和所接收信息的解释[13]。

M1：GCS says Params $= \{q,G_1,G_2,e,P,Q,P_{\mathrm{pub}},H_1,H_2,H_3\}$

M2：UR believes fresh$(s,r_{\mathrm{GCS}},r_{\mathrm{BD}},r_{\mathrm{m}})$

M3: BD received $\{R_{GCS}, S_{GCS}\}$

M4: UR sees $\{ID_{GCS}, ID_{BD}\}$

M5: UR believes $PK_\sigma(BD, ID_{GCS}, ID_{BD})$

M6: UR received $(M_{D2} \| Sign\text{-}D2)$

M7: BD sees $(R_{BD}, S_{BD}, ID_{BD}, ID_{GCS}, R_m, S_m)$

M8: UR received Params $= \{q, G_1, G_2, e, P, Q, P_{pub}, H_1, H_2, \overset{\backprime}{H_3}\}$

M9: BD received Params $= \{q, G_1, G_2, e, P, Q, P_{pub}, H_1, H_2, H_3\}$

M10: GCS says $\{R_{GCS}, S_{GCS}\}$

步骤 2 设定通过 SVO 逻辑推理想要得到的协议目标，并利用 SVO 逻辑语言进行准确描述[13]。

G: UR believes BD said M_{D2}

步骤 3 根据协议参与方的初始信念和拥有的信息，依照认证协议过程，对步骤 2 中列出的协议目标进行推理证明[13]。

（1）由 M1、M9、公理 10、公理 14 可得，BD sees Params $= \{q, G_1, G_2, e, P, Q, P_{pub}, H_1, H_2, H_3\}$。

（2）由 M1、M8、公理 10、公理 14 可得，UR sees Params $= \{q, G_1, G_2, e, P, Q, P_{pub}, H_1, H_2, H_3\}$。

（3）由 M3、M10、公理 10、公理 14 可得，BD sees $\{R_{GCS}, S_{GCS}\}$。

（4）由 M6、Nec 规则可得，UR believes UR received$(M_{D2} \| Sign\text{-}D2)$。

（5）由（1）、（3）、（4）、M2、M7、公理 18 可得，UR believes fresh$(M_{D2} \| Sign\text{-}D2)$。

（6）由（2）、（4）、（5）、M4、M5、公理 5 可得，UR believes BD said M_{D2}。

根据上述对认证协议的 SVO 逻辑推理分析可知，认证协议目标 G 由
（6）得证。

综上可得，本章提出的 BD-D2Sec 协议是可行且有效的，实现了信息源
认证，满足认证性、完整性和不可否认性等安全需求，具有良好的安全性。

9.4 仿真实验与结果分析

为了验证 BD-D2Sec 协议的有效性，首先从计算成本、通信成本与执行
协议各阶段所用时间 3 个角度对协议进行性能分析[13-15]，然后对协议各执行
阶段分别进行仿真，最后对实验结果进行分析。

9.4.1 仿真平台搭建

仿真实验采用的开发工具是 Visual Studio Community 2019，仿真实验在
装有 64 位 Windows 8.1 操作系统、12.0 GB RAM 的计算机上进行，以验证
BD-D2Sec 协议的实用性。利用 PBC 密码库，在多种可选的配对参数类型
中，选用椭圆曲线 $y^3=x^3+x$ 定义的 A 类型配对，采用 C 语言库实现 BD-D2Sec
协议[16-17]。

BD-D2Sec 协议的程序设计流程图如图 9-4 所示。通过调用配对初始化函
数配置好椭圆曲线相关参数。由于双线性对有对称配对与非对称配对两种，
因此在程序运行之初，需要判断采用的双线性对是否为对称配对。如果程序
判断出所使用的双线性对是非对称的，那么不再执行协议，终止算法并安全
退出程序。只有通过对称配对验证之后，才可实现协议的具体算法。当程序
执行到最后时，需要分别调用函数 element_clear() 和函数 pairing_clear() 来实
现元素变量和配对类型变量的清除与释放，以避免内存泄露。

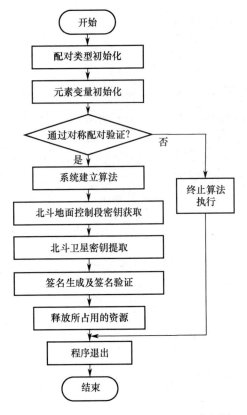

图 9-4　BD-D2Sec 协议的程序设计流程图

9.4.2　实验结果分析

基于身份签名的 **BD-D2Sec** 协议具体分为系统建立阶段、北斗地面控制段密钥获取阶段、北斗卫星密钥生成阶段、签名生成阶段及签名验证阶段。

在系统建立阶段，运行系统建立算法，提取相应的系统参数与主密钥，生成主密钥 s 与系统参数 Params，程序运行结果如图 9-5 所示。

从图 9-5 可以看到，系统建立阶段计算出部分系统参数，P 和 Q 分别是两个生成元，通过运算 $P_{pub} = sP$，可以得到 P_{pub} 的结果。系统参数在后续各部分程序中都会作为输入参与程序运行，因此系统参数的准确生成对协议的有序执行至关重要。系统参数生成完毕后，依次获取北斗地面控制段密钥和生成北斗卫星密钥。

图 9-5　系统建立阶段的程序运行结果

北斗地面控制段密钥获取阶段根据输入的系统参数、北斗地面控制段身份信息 ID_{GCS} 和上一阶段已经提取的主密钥 s，依次计算 $R_{\text{GCS}} = r_{\text{GCS}}P$、$H_{\text{GCS}} = H_1(\text{ID}_{\text{GCS}}, R_{\text{GCS}})$ 和 $S_{\text{GCS}} = (r_{\text{GCS}} + H_{\text{GCS}}s)Q$。其中，$r_{\text{GCS}}$ 是随机数据。生成的 $\{R_{\text{GCS}}, S_{\text{GCS}}\}$ 需要作为北斗卫星密钥生成阶段与签名生成阶段的输入信息，程序运行结果如图 9-6 所示。

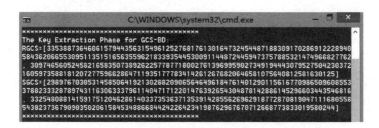

图 9-6　北斗地面控制段密钥获取阶段的程序运行结果

北斗卫星密钥生成阶段执行北斗卫星密钥生成算法。首先，随机产生 r_{BD}；然后，利用北斗地面控制段密钥获取阶段的结果数据 $\{R_{\text{GCS}}, S_{\text{GCS}}\}$ 与其自身的身份信息，按顺序计算 $R_{\text{BD}} = r_{\text{BD}}P$、$H_{\text{BD}} = H_2(\text{ID}_{\text{GCS}}, R_{\text{GCS}}, \text{ID}_{\text{BD}}, R_{\text{BD}})$ 和 $S_{\text{BD}} = S_{\text{GCS}} + H_{\text{BD}}r_{\text{BD}}Q$，程序运行结果如图 9-7 所示。

利用上述算法生成的结果数据 R_{GCS}、R_{BD}、S_{BD} 及身份信息 ID_{BD} 和

ID_{GCS}，结合计算 $H_m = H_3(M_{D2}, ID_{GCS}, R_{GCS}, ID_{BD}, R_{BD}, R_m)$ 和 $S_m = S_{BD} + H_m r_m Q$ 的结果，生成 CNAV D2 的签名 Sign-D2 = $\{R_{GCS}, R_{BD}, R_m, S_m\}$，程序运行结果如图 9-8 所示。

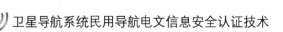

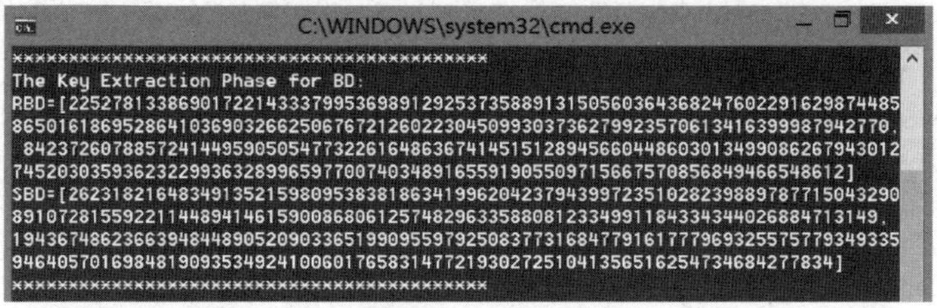

图 9-7　北斗卫星密钥生成阶段的程序运行结果

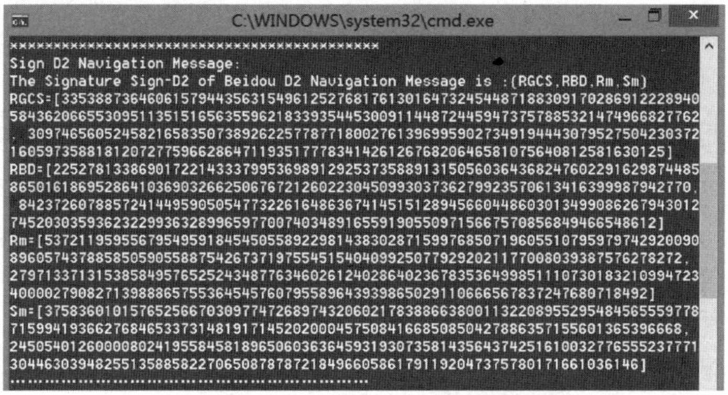

图 9-8　签名生成阶段的程序运行结果

协议认证端的主要工作是认证 CNAV D2 的可靠性，首先计算 H_{GCS}、H_{BD} 及 H_m，然后核验 $e(R_{GCS} + H_{GCS} P_{pub} + H_{BD} R_{BD} + H_m R_m, Q)$ 与 $e(S_m, P)$ 是否一致，最后对签名是否有效做出相应的判断。如果二者一致，则说明收到的导航信息通过了认证，具有真实性和完整性，输出"The Signature is Valid！"，如图 9-9 所示。

为了消除外部环境引入的干扰，直观、简明地反映仿真实验数据的一般水平，一共进行了 30 组仿真实验，每组实验设置 1 000 次仿真，以对 BD-D2Sec 协议的实用性进行验证分析；并对这 30 000 次仿真实验结果求取平均值，以得到更具代表性的数据。

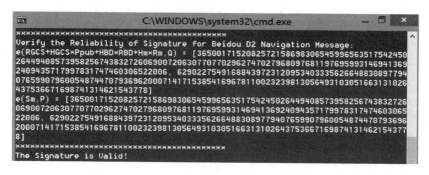

图 9-9　签名通过验证的程序运行结果

结合 BD-D2Sec 协议的具体实现步骤，对系统建立阶段、北斗地面控制段密钥获取阶段、北斗卫星密钥生成阶段、签名生成阶段和签名验证阶段所用时间进行了统计，以便于比较协议各阶段所用时间，分析协议的整体效率。

BD-D2Sec 协议各阶段所用时间如图 9-10 所示。

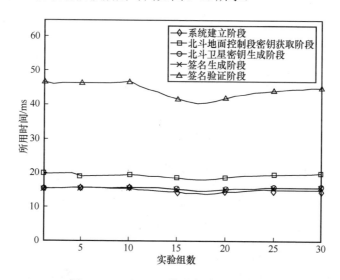

图 9-10　BD-D2Sec 协议各阶段所用时间

由图 9-10 可见，除了签名验证阶段所用时间的波动较大，其他各阶段所用时间较为平稳。在签名验证阶段，需要利用系统生成的公共参数，并通过算法对签名进行验证，而参数的不同及签名的不同会导致该阶段所用时间的变化较大。BD-D2Sec 协议各阶段所用时间如表 9-5 所示。

表 9-5　BD-D2Sec 协议各阶段所用时间

协 议 阶 段	所用时间/ms
系统建立阶段	15.1167
北斗地面控制段密钥获取阶段	19.9026
北斗卫星密钥生成阶段	15.7094
签名生成阶段	15.5638
签名验证阶段	44.9409

　　为了较为直观地比较协议各阶段的所用时间，图 9-11 给出了 BD-D2Sec 协议各阶段的平均所用时间，图 9-12 展示了 BD-D2Sec 协议各阶段平均所用时间占比。从计算量方面进行分析，北斗卫星密钥生成阶段与签名生成阶段需要进行的计算均为两次点乘运算、一次点加运算和一次哈希运算；接收方在对接收的 CNAV D2 进行认证的过程中，需要进行两次配对运算、三次点乘运算、三次点加运算及三次哈希运算。与协议中另两个阶段的计算量相比，签名验证阶段需要多进行两次配对运算、一次点乘运算、两次点加运算及两次哈希运算。配对运算的复杂度比点乘、点加和哈希 3 种运算的复杂度更高，耗费的时间更多，因此签名验证阶段的计算量更大，所用时间相对更长，在协议整体运行时间中的占比更大。

　　由图 9-12 可见，在执行该协议的过程中，由北斗系统端执行的前 4 个阶段的所用时间相差不多，而由接收方完成的签名验证阶段所用时间较长。

　　图 9-12 中的占比情况与协议的理论计算量相符。针对协议所需要的通信成本，主要从生成签名所占用的信息存储空间进行分析。BD-D2Sec 协议中签名的长度为 4 096 bit，因此引入的该协议将为现有北斗卫星导航系统带来额外的 4 096 bit 通信成本。

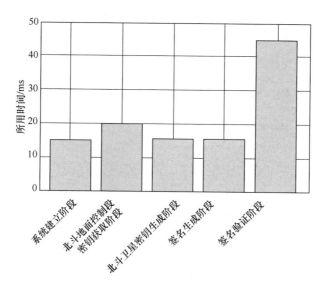

图 9-11　BD-D2Sec 协议各阶段的平均所用时间

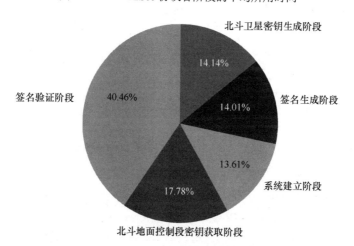

图 9-12　BD-D2Sec 协议各阶段平均所用时间占比

　　BD-D2Sec 协议与其他协议在通信成本和计算成本方面的比较如表 9-6 所示。

　　由于配对运算、点乘运算、指数运算及映射到点哈希运算这 4 种运算的计算成本相比于其他运算更大，也更耗时，因此在分析计算成本的过程中，其他运算所带来的计算成本可以不做重点考虑。表 9-6 中，PP 代表运算量较大的配对运算；MP 代表循环群中的点乘运算；EXP 代表循环群中的指数运算；HMTP 代表一种低效的映射到点哈希运算。

表 9-6　几种认证协议在通信成本和计算成本方面的比较

认 证 协 议	通信成本/bit	计 算 成 本	
		签名生成阶段	签名验证阶段
BD-D2Sec 协议	4 096	2MP	3MP+2PP
参考文献［18］	1 024	MP	2MP+HMTP +2PP
参考文献［19］	3 072	3EXP	EXP+5PP
参考文献［20］	320	2MP+EXP	3MP+4EXP
参考文献［21］	1 024	EXP+HMTP	EXP+HMTP+PP

　　为了直观地将 BD-D2Sec 协议与其他 4 种认证协议的通信成本进行比较和分析，将 5 种认证协议的通信成本进行了统计，结果如图 9-13 所示。

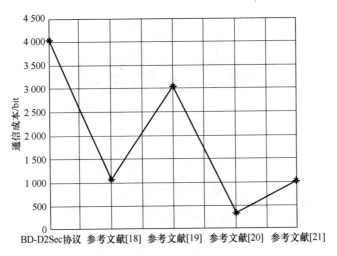

图 9-13　认证协议通信成本比较

　　由表 9-6 和图 9-13 可以看出，5 种认证协议各有优劣。在通信成本方面，参考文献［20］的协议优势明显，参考文献［18］和参考文献［21］的协议优于 BD-D2Sec 协议及参考文献［19］的协议；在计算成本方面，BD-D2Sec 协议中的签名生成阶段需要进行 2 次点乘运算，相对应的签名验证阶段需要进行 3 次点乘操作和 2 次配对运算。BD-D2Sec 协议虽然在通信成本方面与参考文献［18］和参考文献［21］的协议相比未体现出优势，但是过程不涉及较低效的映射到点哈希运算，在计算复杂度方面优于这两种协议，说明 BD-D2Sec 协议的计算成本较低。配对运算的计算复杂度高于指数运算和点乘运算。BD-D2Sec 协议与其他协议在计算成本方面的优势主要体现在签名生成阶段所需的运算较少且运算复杂度较低，可以较低的计算成本和较高的整体效率保证导航信息的安全性，满足 CNAV D2 认证需求。

综合评估，BD-D2Sec 协议具有可行性和有效性，在未引入数字证书且不依赖公钥基础设施的情况下，可利用身份信息获得公钥，实现实体身份与公钥的自然绑定，节省了整体的通信成本，减轻了公钥维护管理负担。该协议的计算成本较小，通信成本也在合理的可接受的范围内，适合在 BDS 领域应用。

9.5　小结

本章在分析 CNAV D2 特性的基础上，结合身份签名技术，设计了一种适用于 CNAV D2 的安全认证协议，并给出了该协议性能分析和基于 SVO 逻辑的形式化分析，从理论上分析了其安全性。本章提出的 BD-D2Sec 协议是一种从信息层面为 CNAV D2 提供信息安全保护的方法，以提供安全、可靠、标准的信息认证机制为目标，运用密码认证技术，基于身份签名体制，在保持 BDS 开放性的基础上，提供了有效识别虚假 CNAV D2 的方法。从计算成本、通信成本和执行协议各阶段所用时间 3 个方面对 BD-D2Sec 协议进行性能分析的结果表明，该协议在保证较好的认证时效性、合适的计算成本与通信成本的同时，实现了 CNAV D2 的完整性保护和信息源认证目标。

本章参考文献

[1]   HENG L, WORK D B, GAO G X. Cooperative GNSS authentication[J]. Inside GNSS, 2013(8): 70-75.

[2]   WENSSON K, SHEPARD D, HUMPHREYS T. Straight talk on anti-spoofing[J]. GPS World, 2012, 23(1): 32-39.

[3]   GÜNTHER C. A survey of spoofing and counter-measures[J]. Navigation, 2014, 61(3): 159-177.

[4]   WESSON K, ROTHLISBERGER M, HUMPHREYS T. Practical cryptographic civil GPS signal authentication[J]. Navigation, 2012, 59(3): 177-193.

[5]   JAFARNIA-JAHROMI A, BROUMANDAN A, NIELSEN J, et al. GPS spoofer countermeasure effectiveness based on signal strength, noise power, and C/N0 measurements[J]. International Journal of Satellite Communications and Networking, 2012, 30(4): 181-191.

[6]   WEN H, HUANG P Y R, DYER J, et al. Countermeasures for GPS signal spoofing[C]// Proceedings of International Technical Meeting of the Satellite Division of the Institute of Navigation, 2005: 13-16.

[7]   MANFREDINI E G, DOVIS F, MOTELLA B. Validation of a signal quality monitoring technique over a set of spoofed scenarios[C]//Proceedings of 2014 7th ESA Workshop on Satellite Navigation Technologies and European Workshop on GNSS Signals and Signal Processing (NAVITEC). Piscataway: IEEE Press, 2014: 1-7.

[8]   JAHROMI A J, BROUMANDAN A, DANESHMAND S, et al. Galileo signal authenticity verification using signal quality monitoring methods[C]//Proceedings of 2016 International Conference on Localization and GNSS (ICL-GNSS). Piscataway: IEEE Press, 2016: 1-8.

[9]   PINI M, FANTINO M, CAVALERI A, et al. Signal quality monitoring applied to spoofing detection[C]//Proceedings of International Technical Meeting of the Satellite Division of the Institute of Navigation, Salt Lakecity: ION, 2001: 1888-1896.

[10] PHELTS R E, AKOS D M, ENGE P. Robust signal quality monitoring and detection of evil waveforms[C]//Proceedings of International Technical Meeting of the Satellite Division of the Institute of Navigation, Salt Lakecity: ION, 2000: 1180-1190.

[11] XU G H, SHEN F, AMIN M, et al. DOA classification and CCPM-PC based GNSS spoofing detection technique[C]//Proceedings of 2018 IEEE/ION Position, Location and Navigation Symposium (PLANS). Piscataway: IEEE Press, 2018: 389-396.

[12] SHAMIR A. Identity-based cryptosystems and signature schemes[C]//Workshop on the Theory and Application of Cryptographic Techniques. Berlin: Springer, 1984: 47-53.

[13] DANESHMAND S, JAFARNIA-JAHROMI A, BROUMANDON A, et al. A low-complexity GPS anti-spoofing method using a multi-antenna array[C]//Proceedings of International Technical Meeting of the Satellite Division of the Institute of Navigation. Nashville: ION, 2012: 1-11.

[14] DANESHMAND S, JAFARNIA-JAHROMI A, BROUMANDAN A, et al. Low-complexity spoofing mitigation[J]. GPS World, 2011, 22(12): 44-46.

[15] KONOVALTSEV A, CUNTZ M, HAETTICH C, et al. Autonomous spoofing detection and mitigation in a GNSS receiver with an adaptive antenna array[C]//Proceedings of International Technical Meeting of the Satellite Division of the Institute of Navigation. San Diego: ION, 2013: 1-8.

[16] POZZOBON O. Keeping the spoofs out: signal authentication services for future GNSS[J]. Inside GNSS, 2011(6): 48-55.

[17] POZZOBON O, GAMBA G, FANTINATO S, HEIN G. From data schemes to supersonic codes: GNSS authentication for modernized signals[J]. Inside GNSS, 2015(10): 55-64.

[18] MARGARIA D, MOTELLA B, ANGHILERI M, et al. Signal structure-based authentication for civil GNSSs: recent solutions and perspectives[J]. IEEE Signal Processing Magazine, 2017, 34(5): 27-37.

[19] CURRAN J T, NAVARRO M, ANGHILERI M, et al. Coding aspects of secure GNSS receivers[J]. Proceedings of the IEEE, 2016, 104(6): 1271-1287.

[20] CAPARRA G, WULLEMS C, CECCATO S, et al. Design drivers and new trends for navigation message authentication schemes for GNSS systems[J]. Inside GNSS, 2016(11): 64-73.

[21] MENEZES A J, VANSTONE S A, OORSCHOT P C V, et al. Handbook of applied cryptography[M]. Boca Raton: CRC Press, 1997.

第 10 章
北斗二代民用导航电文信息安全
认证协议

针对北斗二代 CNAV 缺乏认证机制、存在安全隐患的问题，本章提出一种北斗二代 CNAV 信息安全认证协议，称为 BDSec 协议。该协议将国产密码与 BDS 相结合，综合分析参考认证信息和主体认证信息的认证结果，实现了 B-CNAV 信息安全认证。本章通过设计电文认证序号抵抗转发式欺骗攻击；利用 ZUC 完整性算法对电文认证序号和认证初始信息生成参考认证信息；利用 SM9 标识密码机制保护 CNAV 完整性；使用 SM4 对称加密机制加密北斗签名和 CNAV，并将加密后的结果作为主体认证信息。会话密钥和认证初始化子协议中信息的机密性分别由 SM2 公钥密码机制和 ZUC 机密性算法保证。理论分析和 SVO 逻辑分析表明，该协议满足北斗卫星和接收方身份认证，以及 CNAV 完整性、不可否认性、认证性和保密性的安全需求，具有较高的安全性。

10.1 BDSec 协议设计

现有 BDS 的地面控制段主要负责生成 CNAV，并向北斗卫星注入 CNAV；北斗卫星将 CNAV 播发给接收方；接收方接收 CNAV，利用 CNAV 进行导航定位和位置解算。通常认为，北斗地面控制段和北斗卫星之间传输的数据是真实且安全的。

北斗卫星和接收方之间传输的数据由于可能会受到传输信道噪声、多径干扰、信道衰落和欺骗攻击的影响，因此需要对北斗卫星向接收方发送信息的真实性进行有效认证。本章主要立足于北斗地面控制段与接收方之间的交互过程，执行 BDSec 协议。BDSec 协议组成如图 10-1 所示。

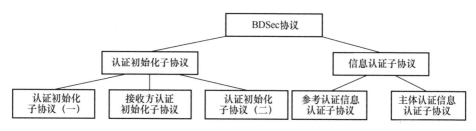

图 10-1　BDSec 协议组成

BDSec 协议有 6 个参与方：北斗卫星、北斗地面控制段、密钥生成中心（Key Generation Center，KGC）、密钥分配中心（Key Distribution Center，KDC）、导航定位设备服务与管理中心和接收方。北斗地面控制段和接收方对 KGC 赋予全部信任，相信 KGC 是安全可信的权威机构；导航定位设备服务与管理中心对接收方来说也是可信任的实体，其主要为授权接收方分配合法身份标识。北斗二代 CNAV 信息认证架构如图 10-2 所示。

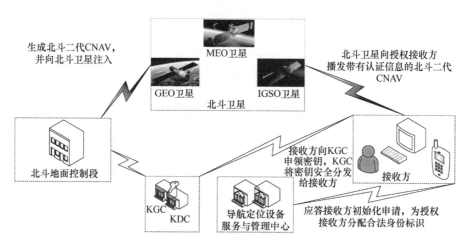

图 10-2　北斗二代 CNAV 信息认证架构

常用相关术语的英文缩写及其含义如表 10-1 所示。

表 10-1   常用相关术语的英文缩写及其含义

英 文 缩 写	含 义
UR	接收方
KGC	密钥生成中心
KDC	密钥分配中心
GCS_{BD}	北斗地面控制段
Sat_{BD}	北斗二代卫星
NPESMC	导航定位设备服务与管理中心
ID_{BD}	北斗卫星身份标识
ID_{UR}	接收方合法身份标识
$Para_{SYS}$	系统参数
hid	签名私钥生成函数识别符
ZUC	祖冲之算法
SM2、SM3、SM4、SM9	SM 系列国产密码
M_{D1}	待签名的 CNAV D1
M_{D2}	待签名的 CNAV D2
Ser-Num$_{MA}$	CNAV 认证序号
HV	杂凑值
‖	位连接处理

BDSec 协议中涉及的符号及其含义如表 10-2 所示。

表 10-2   BDSec 协议中涉及的符号及其含义

符 号	含 义
Ini-Req$_{BD}$	北斗初始化请求
Ini-T$_{BD}$	北斗初始化成功
Ini-Req$_{UR}$	UR 初始化申请
Aut-Req$_{UR}$	UR 公私密钥对申请和完整性密钥对申请
K_{SMS-BD}	GCS_{BD} 的签名主私钥
K_{SMR-BD}	GCS_{BD} 的签名主公钥
K_{SS-BD}	GCS_{BD} 的签名私钥
$K_{SM2-R-KGC}$	KGC 公钥
$K_{SM2-S-KGC}$	KGC 私钥
$K_{SM2-R-UR}$	UR 公钥
$K_{SM2-S-UR}$	UR 私钥
$M_{Aut-Ini}$	认证初始信息
M_{Aut-C}	参考认证信息

（续表）

符　　号	含　　义
M_{Aut-S}	主体认证信息
$H_{SM3}(\ )$	利用 SM3 密码杂凑算法生成的杂凑值
$Sign_{SM9-SS-BD}(\ )$	利用 K_{SS-BD} 生成的标识签名
$Sign\text{-}V_{SM9-ID-BD}\{\ \}$	利用 ID_{BD} 验证标识签名
$Encry_{SM2}(\ )$	利用 SM2 公钥密码机制加密后的结果
$Decry_{SM2}(\ )$	利用 SM2 公钥密码机制解密后的结果
$MAC_{ZUC-BD}\{\ \}$	利用完整性密钥 ZUC-BD 生成消息认证码
$MAC_{ZUC-UR}\{\ \}$	利用完整性密钥 ZUC-UR 验证消息认证码

10.1.1　认证初始化子协议

认证初始化子协议主要实现北斗卫星身份认证、GCS_{BD} 相关密钥与认证初始信息的生成及安全传输、CNAV 认证序号处理、接收方申领个人标识、接收方公私钥生成和分发，以及 CNAV 预处理。接收方首次使用 CNAV 进行导航定位时，需要执行接收方认证初始化子协议，以便后续认证工作有序展开。

1. 认证初始化子协议（一）

本部分认证初始化子协议主要实现北斗卫星身份认证、北斗签名主密钥、北斗签名私钥、认证初始信息、CNAV 认证序号、会话密钥生成及安全传输。认证初始化子协议（一）的流程如图 10-3 所示，具体步骤介绍如下。

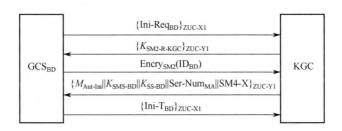

图 10-3　北斗认证初始化子协议（一）的流程

（1）KGC 生成 GCS_{BD} 和 KGC 的机密性密钥 ZUC-X1 和 ZUC-Y1，ZUC-X1 由 KDC 安全分发给 GCS_{BD}，ZUC-Y1 由 KGC 秘密保存，完成 Aut-Ini1，即

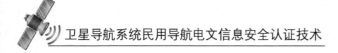
Aut-Ini1：KDC→GCS$_{BD}$：ZUC-X1

（2）GCS$_{BD}$ 使用其机密性密钥加密初始化请求 Ini-Req$_{BD}$，将加密后的初始化请求向 KGC 发送，完成 Aut-Ini2，即

Aut-Ini2：GCS$_{BD}$→KGC：{Ini-Req$_{BD}$}$_{ZUC-X1}$

（3）KGC 使用其机密性密钥解密{Ini-Req$_{BD}$}$_{ZUC-X1}$，利用 ZUC-Y1 加密其公钥 $K_{SM2-R-KGC}$，传输到 GCS$_{BD}$，完成 Aut-Ini3，即

Aut-Ini3：KGC→GCS$_{BD}$：{$K_{SM2-R-KGC}$}$_{ZUC-Y1}$

（4）GCS$_{BD}$ 使用（3）收到的公钥 $K_{SM2-R-KGC}$，通过 SM2 公钥密码机制，加密传输 ID$_{BD}$，完成 Aut-Ini4，即

Aut-Ini4：GCS$_{BD}$→KGC：Encry$_{SM2}$(ID$_{BD}$)

（5）KGC 利用秘密保存的私钥 $K_{SM2-S-KGC}$ 解密，获得 ID$_{BD}$，完成 Aut-Ini5。验证 ID$_{BD}$ 是否为真实北斗卫星身份标识，如果验证通过，则利用标识密码机制中的随机数生成器产生 K_{SMS-BD} 和 Ser-Num$_{MA}$，选择 Para$_{SYS}$ 和 hid，使用 ID$_{BD}$ 和 K_{SMS-BD} 生成 K_{SS-BD}，由 K_{SMS-BD} 结合 Para$_{SYS}$ 产生 K_{SMR-BD}，生成会话密钥 SM4-X，记 ID$_{BD}$、hid、K_{SMR-BD} 和 Para$_{SYS}$ 为认证初始信息 $M_{Aut-Ini}$；如果验证失败，则协议不再继续执行。

Aut-Ini5：KGC：Decry$_{SM2}$(Encry$_{SM2}$(ID$_{BD}$))

（6）KGC 计算{$M_{Aut-Ini}$ ‖ K_{SMS-BD} ‖ K_{SS-BD} ‖ Ser-Num$_{MA}$ ‖ SM4-X}$_{ZUC-Y1}$，将其加密传输到 GCS$_{BD}$，完成 Aut-Ini6，即

Aut-Ini6：KGC→GCS$_{BD}$：{$M_{Aut-Ini}$ ‖ K_{SMS-BD} ‖ K_{SS-BD} ‖ Ser-Num$_{MA}$ ‖ SM4-X}$_{ZUC-Y1}$

（7）GCS$_{BD}$ 使用 ZUC-X1 解密并秘密保存，计算{Ini-T$_{BD}$}$_{ZUC-X1}$ 发送到 KGC，完成 Aut-Ini7，即

Aut-Ini7：GCS$_{BD}$→KGC：{Ini-T$_{BD}$}$_{ZUC-X1}$

2. 接收方认证初始化子协议

本部分子协议主要完成接收方身份认证、申领标识、申请生成密钥对，并获取私钥 $K_{\text{SM2-S-UR}}$ 和完整性密钥 ZUC-UR，由 KGC 将接收方公钥 $K_{\text{SM2-R-UR}}$ 和北斗完整性密钥 ZUC-BD 安全传输到 GCS$_{\text{BD}}$ 的接收方初始化过程。接收方认证初始化子协议的流程如图 10-4 所示，具体步骤介绍如下。

图 10-4　接收方认证初始化子协议的流程

（1）UR 使用其机密性密钥 ZUC-Z1 加密向 NPESMC 发送的初始化申请。NPESMC 对 UR 进行认证，如果申请者是授权接收方，则 NPESMC 提取接收方合法身份标识 ID$_{\text{UR}}$，使用其机密性密钥 ZUC-N1 加密后发送给初始化申请者，完成 Aut-Ini8；如果申请者是未授权接收方，则 NPESMC 不对其分配合法身份标识，认证过程结束。具体过程为

Aut-Ini8：UR→NPESMC：$\{\text{Ini-Req}_{\text{UR}}\}_{\text{ZUC-Z1}}$

NPESMC→UR：$\{\text{ID}_{\text{UR}}\}_{\text{ZUC-N1}}$

（2）UR 使用其机密性密钥 ZUC-Z2 加密传输 ID$_{\text{UR}}$、公私密钥对申请和完整性密钥对申请 Aut-Req$_{\text{UR}}$ 给 KGC，并凭借获得的 ID$_{\text{UR}}$ 申领其私钥 $K_{\text{SM2-S-UR}}$ 和 ZUC-UR。KGC 利用其机密性密钥 ZUC-Y2 解密，完成 Aut-Ini9，即

Aut-Ini9：UR→KGC：$\{\text{ID}_{\text{UR}} \parallel \text{Aut-Req}_{\text{UR}}\}_{\text{ZUC-Z2}}$

（3）KGC 生成接收方公私密钥对和完整性密钥对，由 KDC 通过 ZUC-Y2，把 $K_{\text{SM2-S-UR}}$ 和 ZUC-UR 加密传输到 UR，UR 利用 ZUC-Z2 解密并存

储；由 KDC 通过 ZUC-Y1 把 $K_{SM2-R-UR}$ 和 ZUC-BD 安全发送到 GCS$_{BD}$，GCS$_{BD}$ 利用 ZUC-X1 解密并存储，完成 Aut-Ini10，即

Aut-Ini10：KDC→UR：$\{K_{SM2-S-UR} \parallel ZUC-UR\}_{ZUC-Y2}$

KDC→GCS$_{BD}$：$\{K_{SM2-R-UR} \parallel ZUC-BD\}_{ZUC-Y1}$

3. 认证初始化子协议（二）

本部分子协议主要实现参考认证信息和主体认证信息生成、CNAV 预处理。认证初始化子协议（二）的流程如图 10-5 所示，具体步骤介绍如下。

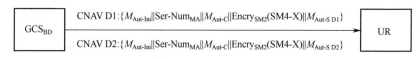

图 10-5　北斗认证初始化子协议（二）的流程

（1）如前文所述，CNAV D1 和 CNAV D2 有所不同。GCS$_{BD}$ 选取与定位解算直接相关或作为主要定位误差来源的 CNAV，使用 SM3 计算 $H_{SM3}(M_{D1})$ 和 $H_{SM3}(M_{D2})$，相当于对待标识签名的 CNAV 进行压缩运算，生成 CNAV D1 杂凑值和 CNAV D2 杂凑值。杂凑值作为这些 CNAV 的"指纹"，是独一无二的。计算 CNAV 杂凑值的过程，在确保 CNAV 完整性的同时，提高了协议的整体效率。

本部分协议利用 SM9 标识密码机制，使用 K_{SS-BD} 对待签名的 CNAV D1 杂凑值和 CNAV D2 杂凑值，分别生成北斗签名 Sign$_{SM9-SS-BD}$ $[H_{SM3}(M_{D1})]$ 和 Sign$_{SM9-SS-BD}[H_{SM3}(M_{D2})]$；GCS$_{BD}$ 使用 SM4 对称密码体制，通过在认证初始化子协议（一）的步骤（7）中解密并秘密保存的会话密钥 SM4-X 加密北斗签名和 CNAV，计算 $\{Sign_{SM9-SS-BD}[H_{SM3}(M_{D1})] \parallel M_{D1}\}_{SM4-X}$ 和 $\{Sign_{SM9-SS-BD}[H_{SM3}(M_{D2})] \parallel M_{D2}\}_{SM4-X}$，获得加密后的北斗签名和 CNAV，记为主体认证信息 $M_{Aut-S\,D1}$ 和 $M_{Aut-S\,D2}$，完成 Aut-Ini11，即

Aut-Ini11：GCS$_{BD}$。

CNAV D1：$\{Sign_{SM9\text{-}SS\text{-}BD}[H_{SM3}(M_{D1})] \| M_{D1}\}_{SM4\text{-}X}$，记为 $M_{Aut\text{-}S\,D1}$。

CNAV D2：$\{Sign_{SM9\text{-}SS\text{-}BD}[H_{SM3}(M_{D2})] \| M_{D2}\}_{SM4\text{-}X}$，记为 $M_{Aut\text{-}S\,D2}$。

（2）GCS_{BD} 计算 $H_{SM3}(M_{Aut\text{-}Ini} \| Ser\text{-}Num_{MA})$，由 GCS_{BD} 利用 ZUC 完整性算法实现消息认证码技术，通过完整性密钥 ZUC-BD，计算 $MAC_{ZUC\text{-}BD}\{H_{SM3}(M_{Aut\text{-}Ini} \| Ser\text{-}Num_{MA})\}$，并记为参考认证信息 $M_{Aut\text{-}C}$。$K_{SMS\text{-}BD}$、$K_{SS\text{-}BD}$ 和会话密钥 SM4-X 需要由 GCS_{BD} 秘密保存，不能发布出去。在接收方认证初始化子协议（一）的步骤（3）中，GCS_{BD} 获得 $K_{SM2\text{-}R\text{-}UR}$，UR 获得 $K_{SM2\text{-}S\text{-}UR}$。$GCS_{BD}$ 通过 SM2 公钥密码机制，使用 $K_{SM2\text{-}R\text{-}UR}$ 加密 SM4-X，计算 $Encry_{SM2}(SM4\text{-}X)$，完成 Aut-Ini12，即

Aut-Ini12：GCS_{BD}。

$MAC_{ZUC\text{-}BD}\{H_{SM3}(M_{Aut\text{-}Ini} \| Ser\text{-}Num_{MA})\}$，记为 $M_{Aut\text{-}C}$。

（3）GCS_{BD} 将 $M_{Aut\text{-}Ini}$、$Ser\text{-}Num_{MA}$、$M_{Aut\text{-}C}$、$Encry_{SM2}(SM4\text{-}X)$、$M_{Aut\text{-}S\,D1}$ 和 $M_{Aut\text{-}Ini}$、$Ser\text{-}Num_{MA}$、$M_{Aut\text{-}C}$、$Encry_{SM2}(SM4\text{-}X)$、$M_{Aut\text{-}S\,D2}$ 分别嵌入 CNAV D1 和 CNAV D2 的保留位，完成 CNAV 预处理。上述这些认证信息将随 CNAV 一起注入北斗二代卫星 Sat_{BD}，由 Sat_{BD} 播发到 UR，完成 Aut-Ini13，即

Aut-Ini13：$GCS_{BD} \rightarrow UR$

CNAV D1：$\{M_{Aut\text{-}Ini} \| Ser\text{-}Num_{MA} \| M_{Aut\text{-}C} \| Encry_{SM2}(SM4\text{-}X) \| M_{Aut\text{-}S\,D1}\}$。

CNAV D2：$\{M_{Aut\text{-}Ini} \| Ser\text{-}Num_{MA} \| M_{Aut\text{-}C} \| Encry_{SM2}(SM4\text{-}X) \| M_{Aut\text{-}S\,D2}\}$。

认证协议中 CNAV 保留位的信息编排格式如表 10-3 所示。

表 10-3　认证协议中 CNAV 保留位的信息编排格式

内　　容	信 息 长 度
认证协议类型	1 B
CNAV 认证序号	100 bit
参考认证信息	32 bit
待签名的 CNAV 部分	D1：509 bit，D2：539 bit

（续表）

内　容	信 息 长 度
签名	776 bit
主体认证信息	128 bit
加密的会话密钥	800 bit

10.1.2　信息认证子协议

认证初始化子协议实现了 UR、KGC、KDC、GCS_{BD}、Sat_{BD} 和 NPESMC 共 6 个参与方的初始化交互过程，本节将执行信息认证子协议，依次进入参考认证信息认证阶段和主体认证信息认证阶段。信息认证子协议的流程如图 10-6 所示。

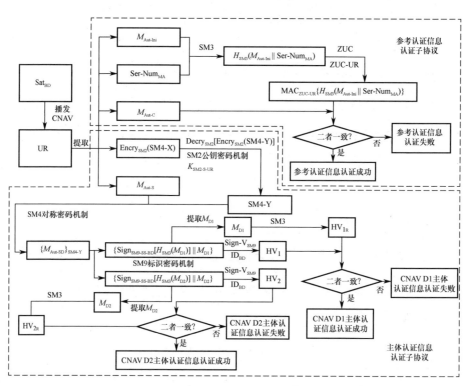

图 10-6　信息认证子协议的流程

UR 从接收的导航电文中提取出 $M_{Aut\text{-}Ini}$、$Ser\text{-}Num_{MA}$、$M_{Aut\text{-}C}$、使用接收方公钥加密的会话密钥 SM4-Y 和 $M_{Aut\text{-}S}$。

1. 参考认证信息认证子协议

UR 首先对 M_{Aut-C} 进行认证，执行参考认证信息认证子协议。

（1）UR 对接收 CNAV 中提取出的 $M_{Aut-Ini}$ 和 Ser-Num$_{MA}$ 使用 SM3 计算杂凑值 $H_{SM3}(M_{Aut-Ini} \| Ser\text{-}Num_{MA})$。

（2）针对上述杂凑值，使用 ZUC 完整性算法，通过 ZUC-UR 计算 $MAC_{ZUC-UR}\{H_{SM3}(M_{Aut-Ini} \| Ser\text{-}Num_{MA})\}$。

（3）比对计算出的 $MAC_{ZUC-UR}\{H_{SM3}(M_{Aut-Ini} \| Ser\text{-}Num_{MA})\}$ 和 CNAV 播发的参考认证信息是否一致，如果二者一致，则说明参考认证信息认证成功；否则说明参考认证信息认证失败，记下参考认证信息认证结果（成功/失败）。

2. 主体认证信息认证子协议

参考认证信息认证完毕后，进入主体认证信息认证阶段，依次执行以下主体认证信息认证子协议流程的各步骤。

（1）UR 使用在接收方认证初始化子协议中获得的接收方私钥 $K_{SM2-S-UR}$，利用 SM2 公钥密码机制计算 $Decry_{SM2}[Encry_{SM2}(SM4\text{-}Y)]$，解密得到会话密钥 SM4-Y。

（2）使用会话密钥 SM4-Y，通过 SM4 对称密码体制解密 M_{Aut-S}；计算 $\{M_{Aut-S\,D}\}_{SM4-Y}$ 得到 $\{Sign_{SM9-SS-BD}[H_{SM3}(M_{D1})] \| M_{D1}\}$。

（3）ID_{BD} 是签名方 Sat_{BD} 的身份信息，本部分认证协议选取 ID_{BD} 验证北斗签名，并确定签名来源。由于 ID_{BD} 是独一无二的，也是 Sat_{BD} 无法否认的，因此 ID_{BD} 可以唯一代表一颗北斗卫星，欺骗方无法对其进行伪造和篡改。从获得的认证初始信息中提取 ID_{BD}，UR 利用 ID_{BD} 验证 $Sign_{SM9-SS-BD}[H_{SM3}(M_{D1})]$ 的可靠性。

（4）验证北斗签名，计算 $\{Sign_{SM9\text{-}SS\text{-}BD}[H_{SM3}(M_{D1})] \| M_{D1}\}$ 和 $\{Sign_{SM9\text{-}SS\text{-}BD}[H_{SM3}(M_{D2})]M_{D2}\}$，分别获得 CNAV 杂凑值 HV_1 和 HV_2；对步骤（2）得到的 M_{D1} 和 M_{D2}，使用 SM3 计算 $H_{SM3}(M_{D1})$ 和 $H_{SM3}(M_{D2})$，结果分别记为 HV_{1R} 和 HV_{2R}。如果验证北斗签名得到的杂凑值与由接收 CNAV 计算得到的杂凑值一致，则说明主体认证信息认证成功；反之，则认为主体认证信息认证失败。将 HV_1 和 HV_{1R} 进行比较，得到 CNAV D1 主体认证信息认证结果；将 HV_2 和 HV_{2R} 进行比较，得到 CNAV D2 主体认证信息认证结果。

（5）北斗二代 CNAV 认证结果（成功/警告/预警/失败）由参考认证信息认证结果和主体认证信息认证结果共同决定，分为以下 4 种情况：

第一，如果参考认证信息认证失败，而且主体认证信息认证失败，则说明 CNAV 认证失败，所接收的 CNAV 不完整、不可信。

第二，如果参考认证信息认证失败，但是主体认证信息认证成功，则说明 CNAV 处于认证预警状态，需要根据实际应用场景做进一步分析。

第三，如果参考认证信息认证成功，但是主体认证信息认证失败，则说明 CNAV 处于认证警告状态，所接收的 CNAV 不是可靠完整的，需要结合实际应用场景做进一步判断。

第四，如果参考认证信息认证成功，而且主体认证信息认证成功，则说明 CNAV 认证成功，所接收的 CNAV 是可靠完整的。进一步分析可知，步骤（2）中分解出的 CNAV 与北斗卫星真实播发的 CNAV 一致。

10.1.3　BDSec 协议整体认证流程

UR 以接收 CNAV、认证主体认证信息和参考认证信息是否完整可靠为目标。GCS_{BD} 以向合法授权接收方播发可用于导航定位和位置解算且载有认证信息的 CNAV 为目标。KGC 以有效验证北斗卫星身份标识，生成协议各参与方所需的密钥对、初始认证信息、CNAV 认证序号，并完成上述信息的安全分发、存储为目标。GCS$_{BD}$、UR 和 KGC 的目标通过 BDSec 协议交互过程实现。BDSec 协议整体认证流程如图 10-7 所示。

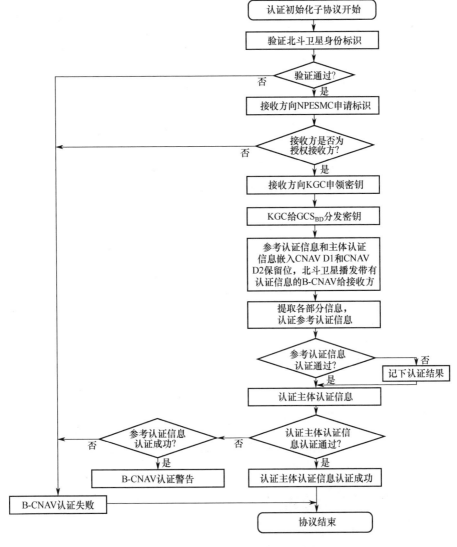

图 10-7　BDSec 协议整体认证流程图

在认证初始化子协议中，认证初始化子协议（一）的交互方是 KGC 和 GCS$_{BD}$。接收方认证初始化子协议在 KGC、NPESMC、UR 和 GCS$_{BD}$ 这 4 个交互方之间执行，认证初始化子协议（二）主要由 GCS$_{BD}$ 完成 CNAV 预处理。

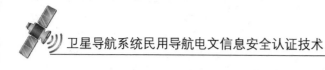

在北斗卫星播发 CNAV 之后，UR 接收带有认证信息的 B-CNAV，通过执行信息认证子协议，实现参考认证信息认证和认证主体认证信息认证。B-CNAV 按顺序执行 BDSec 协议的过程如图 10-8 所示。

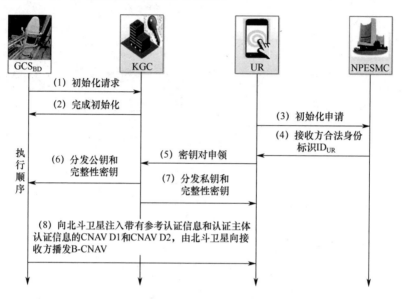

图 10-8　B-CNAV 按顺序执行 BDSec 协议的过程

首先，GCS$_{BD}$ 向 KGC 发送初始化请求，KGC 验证该初始化请求发送方是否拥有授权身份，协助 GCS$_{BD}$ 完成初始化；然后，UR 向 NPESMC 发送初始化申请，NPESMC 为通过身份验证的接收方分发合法身份标识，并对其初始化申请做出应答；最后，UR 完成初始化，向 KGC 申领专属密钥对，并由 KGC 实现 GCS$_{BD}$ 相关密钥的安全分发。

10.2　BDSec 协议分析

SVO 逻辑推理融合了 BAN 逻辑、GNY 逻辑、AT 逻辑和 VO 逻辑等，具有简洁、直观、易用的优势，提供了较为清晰的语义，建立了合理、完整的理论模型。SVO 逻辑可以成功发现协议中的安全漏洞，尤其在协议的安全性分析方面起着重要作用[1]。基于 SVO 逻辑的形式化分析方法成为协议形式化逻辑分析中广泛应用的方法之一[2]。

本节选取 SVO 逻辑对 BDSec 协议进行安全性分析，需要使用的规则和公理如下。

MP 规则：$(\vdash\varphi)\wedge(\vdash\varphi\supset\psi)\supset\vdash\psi$。

Nec 规则：$\vdash\varphi\supset\vdash P \text{ believes }\varphi$。

公理 1（源关联公理）：$\mathrm{PK}_{\sigma}(M,K)\wedge N \text{ received}\{X\}_{K^{-1}}\supset M \text{ said } X$。

公理 2（密钥协商公理）：$\mathrm{PK}_{\delta}(M,K_M)\wedge \mathrm{PK}_{\delta}(N,K_N)\supset \text{Sharedkey}[F_0(K_M,K_N),M,N]$。

公理 7（接收公理 1）：$M \text{ received}(X_1,\cdots,X_n)\supset M \text{ received } X_i$。

公理 8（接收公理 2）：$M \text{ received}\{X\}_K\wedge M \text{ sees } K^{-1}\supset M \text{ received } X$。

公理 10（看见公理）：$M \text{ received } X\supset M \text{ sees } X$。

公理 14（说过公理）：$M \text{ says}(X_1,\cdots,X_n)\supset M \text{ said}(X_1,\cdots,X_n)\wedge M \text{ says } X_i$。

公理 17（新鲜性公理 1）：$\text{fresh}(X_i)\supset \text{fresh}(X_1,\cdots,X_n)$。

公理 18（新鲜性公理 2）：$\text{fresh}(X_1,\cdots,X_n)\supset \text{fresh}[F(X_1,\cdots,X_n)]$。

公理 19（Nonce 公理）：$\text{fresh}(X)\wedge M \text{ said } X\supset M \text{ says } X$。

按照以下 3 个步骤，利用 SVO 逻辑推理方法，可对 BDSec 协议进行具体分析。其中，北斗地面控制段和接收方分别用 GCS$_{\mathrm{BD}}$ 和 UR 表示。

步骤 1　结合 SVO 语义和语法对协议进行初始化描述，给出协议交互方的初始信念和所接收信息的解释。

步骤 2　设定通过 SVO 逻辑推理想要得到的协议目标，并利用 SVO 逻辑语言进行准确描述。

步骤 3　根据交互双方的初始信念和拥有的信息，依照认证协议过程，

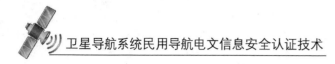

对步骤 2 中列出的协议目标集合进行推理证明。

10.2.1 BDSec 协议的初始信念

认证协议的初始信念如下。

M1： UR believes fresh $\left(\text{Ser-Num}_{\text{MA}}\right)$

M2： GCS_{BD} believes $\text{PK}_{\sigma}(\text{BD}, K_{\text{SS-BD}})$

M3： GCS_{BD} believes $\text{PK}_{\psi}(\text{UR}, K_{\text{SM2-R-UR}})$

M4： UR believes $\text{PK}_{\sigma}\left(\text{UR}, K_{\text{SM2-S-UR}}\right)$

M5： UR believes $\text{PK}_{\psi}(\text{BD}, \text{ID}_{\text{BD}})$

M6： GCS_{BD} believes $\text{PK}_{\delta}(\text{BD}, \text{ZUC-BD})$

M7： UR believes $\text{PK}_{\delta}\left(\text{UR}, \text{ZUC-UR}\right)$

M8： UR received $\{M_{\text{Aut-Ini}} \parallel \text{Ser-Num}_{\text{MA}} \parallel M_{\text{Aut-C}} \parallel \text{Encry}_{\text{SM2}}(\text{SM4-X}) \parallel M_{\text{Aut-S}}\}$

M9： UR believes $\text{SV}[\text{MAC}_{\text{ZUC-UR}}\{H_{\text{SM3}}(M_{\text{Aut-Ini}} \parallel \text{Ser-Num}_{\text{MA}})\}, \text{ZUC-UR},$ $H_{\text{SM3}}(M_{\text{Aut-Ini}} \parallel \text{Ser-Num}_{\text{MA}})]$

M10： UR believes $\text{SV}[\text{Encry}_{\text{SM2}}(\text{SM4-X}), K_{\text{SM2-R-UR}}, \text{SM4-X}]$

M11： UR believes $\text{SV}[\text{Sign}_{\text{SM9-SS-BD}}(M), \text{ID}_{\text{BD}}, M]$

M12： UR believes $\text{SV}[M_{\text{Aut-S}}, \text{SM4-Y}, \{\text{Sign}_{\text{SM9-SS-BD}}(M) \parallel M\}]$

10.2.2 BDSec 协议目标

BDSec 协议目标如下。

G1： UR believes UR sees $\{M_{\text{Aut-Ini}} \parallel \text{Ser-Num}_{\text{MA}}\}$

G2： UR believes GCS_{BD} says $\{M_{\text{Aut-Ini}} \parallel \text{Ser-Num}_{\text{MA}}\}$

G3： UR believes UR sees $\{M\}$

G4： UR believes GCS_{BD} says $\{M\}$

10.2.3 BDSec 协议目标的 SVO 证明

BDSec 协议目标的推理证明如下。

（1）由 M8、MP 规则可得， UR believes UR received $\{M_{Aut\text{-}Ini} \| Ser\text{-}Num_{MA} \| M_{Aut\text{-}C} \| Encry_{SM2}(SM4\text{-}X) \| M_{Aut\text{-}S}\}$。

（2）由（1）和公理 7 可得， UR believes UR received $\{M_{Aut\text{-}C} \| M_{Aut\text{-}Ini} \| Ser\text{-}Num_{MA}\}$。

（3）由 M6、M7、公理 2 可得， UR believes Sharedkey$[F_0(ZUC\text{-}UR)$, UR,BD$]$。

（4）由 M6、M7、公理 2 可得， GCS_{BD} believes Sharedkey$[F_0(ZUC\text{-}BD)$, BD,UR$]$。

（5）由（2）、（3）、（4）、M9、公理 8 可得， UR believes UR received $\{M_{Aut\text{-}Ini} \| Ser\text{-}Num_{MA}\}$。

（6）由（5）、Nec 规则、公理 10 可得， UR believes UR sees $\{M_{Aut\text{-}Ini} \| Ser\text{-}Num_{MA}\}$，认证协议目标 G1 证毕。

（7）由 M1、公理 17 可得， UR believes fresh $\{Ser\text{-}Num_{MA} \| M_{Aut\text{-}Ini}\}$。

（8）由（3）、（4）、（5）、M6、M7、M9、公理 1、公理 14、Nec 规则可得， UR believes GCS_{BD} said $\{M_{Aut\text{-}Ini} \| Ser\text{-}Num_{MA}\}$。

（9）由（7）、（8）、MP 规则、公理 19 可得， UR believes GCS_{BD} says $\{M_{Aut\text{-}Ini} \| Ser\text{-}Num_{MA}\}$，认证协议目标 G2 证毕。

（10）由（1）、MP 规则、公理 7 可得， UR believes UR received $\{Encry_{SM2}(SM4\text{-}X)\}$。

（11）由（10）、M4、M10、Nec 规则、公理 8 可得，UR believes UR received {SM4-Y}。

（12）由（1）、MP 规则、公理 7 可得，UR believes UR received $\{M_{\text{Aut-S}}\}$。

（13）由（11）、（12）、M12、Nec 规则、公理 8 可得，UR believes UR received {Ser-Num$_{\text{MA}}$ ‖ $M_{\text{Aut-S}}$}。

（14）由（13）、M5、M11、MP 规则可得，UR believes UR received {M}。

（15）由（14）、M5、Nec 规则可得，UR believes UR sees {M}，认证协议目标 G3 证毕。

（16）由（14）、M2、M5、M11、Nec 规则、公理 1、公理 14 可得，UR believes GCS$_{\text{BD}}$ said {M}。

（17）由 M1、公理 17 可得，UR believes fresh {Ser-Num$_{\text{MA}}$ ‖ $M_{\text{Aut-S}}$}。

（18）由（12）、（13）、（14）、（17）、MP 规则、公理 17、公理 18 可得，UR believes fresh {M}。

（19）由（16）、（18）、公理 19 可得，UR believes GCS$_{\text{BD}}$ says {M}，认证协议目标 G4 证毕。

根据上述对 BDSec 协议的 SVO 逻辑推理分析可知，认证协议目标 G1、G2、G3 和 G4 分别由（6）、（9）、（15）和（19）得证，即 BDSec 协议满足安全需求。

10.3 BDSec 协议的性能分析

为了提高 B-CNAV 的安全性，本章基于国产密码提出了 BDSec 协议，把 BDS 与 SM9 标识签名机制、SM2 公钥密码机制、SM3 密码杂凑算法、SM4

对称密码机制、ZUC 机密性算法和 ZUC 完整性算法有机地结合在一起，具有较高的安全性。

10.3.1　BDSec 协议的安全性分析

1. 实现北斗卫星和接收方交互身份认证

BDSec 协议通过验证北斗卫星身份标识，为北斗卫星提供身份保护，避免了欺骗方冒充北斗卫星播发虚假 CNAV。接收方在通过 NPESMC 对身份进行核对和验证之后，将获得 NPESMC 颁发的合法身份标识 ID_{UR}。如果身份验证未通过，则说明该身份是非法、未授权的，不再继续执行后续协议过程，实现了对接收方的身份认证。欺骗方无法得到代表其实体身份的专属标识，也就无法享有利用该标识可以实现的认证交互过程。由于身份标识采用国产密码公钥密码机制加密传输，因此是安全可靠的，保证了 BDSec 协议交互方身份是真实可信的，完成上一步认证操作的授权接收方，可以依照协议执行顺序进行下一步认证过程。

2. 抵抗转发式攻击

BDSec 协议中设计的 CNAV 认证序号是在预先设定的取值范围内随机取得的，其不可预知且不重复的特性保证了参考认证信息原始信息的可靠性和时效性。无论是授权接收方，还是欺骗方，在认证参考认证信息之前，都不可能预测处于动态更新状态的 CNAV 认证序号具体数值。由于转发式欺骗攻击不可能精准预测未来播发的真实 CNAV 认证序号，当截获 CNAV 进行转发时，欺骗方人为添加的 CNAV 认证序号与北斗卫星实际播发的 CNAV 认证序号将不相符。接收方在认证参考认证信息时，可以及时地识别转发式欺骗攻击，因此，BDSec 协议对转发式欺骗攻击具有一定的抵抗作用。

3. 抵抗生成式欺骗攻击

如果欺骗方在截获真实的 CNAV 并进行篡改或伪造后，将虚假 CNAV 转发给 UR，那么由于 GCS_{BD} 使用其秘密保存的签名私钥对导航信息签名，而

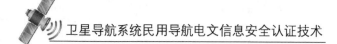

欺骗方无法拥有 GCS$_{BD}$ 的签名私钥，因此不能生成合法的北斗签名。UR 验证经过篡改或伪造的北斗签名时不能成功，依照协议交互过程，针对参考认证信息和主体认证信息分别进行信息认证，就可识别出欺骗方的篡改和伪造操作，从而达到抵抗生成式欺骗攻击的目的。

4. 抵抗窃听攻击

B-CNAV 在由 GCS$_{BD}$ 向 UR 播发的途中，可能会遭受非法窃听者发起的窃听攻击。BDSec 协议采用 SM4 对称密码机制和 SM2 椭圆曲线公钥密码机制，分别为北斗签名和会话密钥 SM4-X 提供机密性保护，可有效抵抗窃听攻击。非法窃听者不具备接收方专属私钥，即使截获经过加密处理的密文，也无法获得想提炼的真实内容。

5. 交互过程的整体安全性分析

BDSec 协议中使用的 SM3 密码杂凑算法是单向且不可逆的，在保证导航信息完整性的同时，提高了协议的整体效率。SM9 标识密码机制保证了主体认证信息的可靠性、完整性和不可否认性，实现了 CNAV 的完整性保护；为防止未授权接收方窃听 CNAV，通过 SM4 对称密码机制为北斗签名提供机密性保护。协议机密性能否得到保障，在一定程度上取决于会话密钥是否安全可信。在保障北斗签名机密性的同时，SM4 对称密码机制所需的会话密钥需要秘密保存。因此，采用国产密码公钥密码机制在协议交互过程中实现会话密钥的秘密分发，只有经过相互认证的交互方才能读取秘密信息的完整内容。信息认证方利用 BDSec 协议能够及时识别伪造、篡改、转发和窃取 CNAV 或认证信息内容的欺骗行为，实现了 CNAV 信息源认证，提高了 CNAV 的认证安全性。

10.3.2 BDSec 协议的性能分析与比较

BDSec 协议使用 SM 来实现加密技术。本节将从安全性和效率两个方面对 BDSec 协议进行具体的分析比较。BDSec 协议与其他认证协议的安全性比较如表 10-4 所示。

表 10-4　BDSec 协议与其他认证协议的安全性比较

比 较 项 目	参考文献［2］	参考文献［3］	BDSec 协议
难度假设	未实例化	椭圆曲线离散对数问题	椭圆曲线离散对数问题
防止窃听	否	否	是
抵抗生成式欺骗攻击	是	是	是
已知的会话密钥安全	否	否	是
抵抗中间人攻击	是	否	是
抵抗信息泄露	否	否	是
是否具有保密性	否	否	是
抵抗转发式欺骗攻击	是	否	是
安全性	中等	中等	好

从表 10-4 可以看出，BDSec 协议在执行过程中，只有在身份认证通过后，认证方才能继续对参考认证信息和主体认证信息进行认证，而欺骗方无法伪造合法的身份信息、签名和新鲜的认证序号，因此可达到有效抵抗上述攻击的目的。

在卫星无线通信环境中，协议交互的轮数、计算量和存储空间可以直接衡量协议整体效率的高低，在很大程度上决定了通信成本和计算成本。因此，本小节主要对 BDSec 协议的交互轮数、是否需要数字证书、存储空间、计算量和计算复杂度进行比较分析，如表 10-5 所示。

表 10-5　BDSec 协议与其他认证协议的整体效率的比较

比 较 项 目	参考文献［2］	参考文献［3］	BDSec 协议
交互轮数	4	3	4
是否需要数字证书	是	是	否
存储空间	C+H+L	C+H	M+L
计算量	E+S+Hash+P+V+D+Cert	S+V+Cert	S+E+Hash+MAC+P+V+D
计算复杂度	高	低	中等

在表 10-5 中，C 表示数字证书；H 表示签名；L 表示加密后生成的密

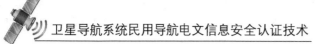

文；M 表示消息认证码；E 和 D 分别表示加密和解密运算；S 和 V 分别表示生成签名和验证签名运算；Hash 表示哈希运算；P 表示生成随机数运算；MAC 表示消息认证码运算；Cert 表示数字证书运算。

从表 10-5 可以看出，BDSec 协议的存储负担和计算成本较小，交互轮数比参考文献［3］的协议略多，与参考文献［2］的协议相同，且不会显著增加通信成本。BDSec 协议不需要通过获取和验证数字证书来保证协议中公钥的安全，有效降低了密钥管理的难度，避免了接收方存储、管理和传输数字证书的问题。虽然参考文献［3］的协议只有 3 轮交互，但需要使用数字证书为公钥的可靠性提供辅助支持，这会增加额外的通信成本和存储负担。通过数字证书提供公钥安全的协议会带来额外的资源开销、部署成本和不便。协议的选择需要对认证的整体性能、附加成本、操作过程的复杂性和实施难度等进行权衡。相比之下，BDSec 协议具有交互轮数适中、成本小、整体效率高、安全性高等特点，可满足 B-CNAV 信息安全的所有要求，且很好地平衡了安全性与效率，因此具有更高的可行性。

10.4 小结

本章在简要分析 BDS 目前可能面临的潜在安全隐患的基础上，根据 B-CNAV 的不同特点，采用 SM 系列国产密码设计了 BDSec 协议。BDSec 协议采用综合分析参考认证信息和主体认证信息的认证结果的方法，采用 SM9 保证了 B-CNAV 的完整性和可靠性。基于 SVO 逻辑的协议性能分析和形式化分析表明，在所有参与方的交互过程中，BDSec 协议实现了北斗卫星与接收方之间的双向认证和身份保护，有效简化了数字证书与身份绑定和公钥管理的环节。在相同的安全假设下，与现有的同类协议相比，BDSec 协议的整体效率更高，更适合北斗卫星导航和通信环境。

本章参考文献

[1] 申成良, 郭承军. 民用 GNSS 信号导航电文加密认证技术研究[C]//第九届中国卫星导航学术年会论文集——S03 卫星导航信号及抗干扰技术. 哈尔滨: 中科北斗汇(北京)科技有限公司, 2018.

[2] 赵东昊, 卢昱, 王增光. 北斗战场通信网络身份认证方法[J]. 现代防御技术, 2019, 47(3): 99-105.

[3] 唐超, 孙希延, 纪元法, 等. GNSS 民用导航电文加密认证技术研究[J]. 计算机仿真, 2015, 32(9): 86-90, 108.

缩略语对照表

缩 略 语	英 文 全 称	含 义
AIWB	Axial Integrated Wigner Bispectrum	轴向积分维格纳双谱
ARPSO	Attractive and Repulsive Particle Swarm Optimization	吸引排斥型粒子群优化
BDS	BeiDou Satellite Navigation System	北斗卫星导航系统
BDT	BeiDou Time	北斗时
B-CNAV	BeiDou Civil Navigation Message	北斗卫星导航系统民用导航电文
CA	Certificate Authority	认证中心
CNAV	Civil Navigation Message	民用导航电文
DCP	Differential Code Phase	差分码相位
DLP	Discrete Logarithm Problem	离散对数问题
DOD	Doppler Shift Detector	多普勒频移检测器
DSA	Digital Signature Algorithm	数字签名算法
DSR	Demodulation Success Rate	解调成功率
ECC	Elliptic Curve Cryptography	椭圆曲线密码
ECDLP	Elliptic Curve Discrete Logarithm Problem	椭圆曲线离散对数问题
ECDSA	Elliptic Curve Digital Signature Algorithm	椭圆曲线数字签名算法
eLORAN	Enhanced Long Range Navigation	增强型罗兰
FEA	Forward Estimation Attack	前向估计攻击
GEO	Geostationary Earth Orbit	地球静止轨道
GLONASS	Global Navigation Satellite System	全球导航卫星系统（也称格洛纳斯系统）
GMS	Ground Monitoring Station	地面监测站
GNSS	Global Navigation Satellite System	全球卫星导航系统
GPS	Global Positioning System	全球定位系统
GPSSS	Generating Polynomials of Spectral Spread Sequence	频谱扩展序列的生成多项式

缩 略 语	英 文 全 称	含 义
ICD	Interface Control Document	接口控制文件
IGSO	Inclined Geo-Synchronous Orbit	倾斜地球同步轨道
IMU	Inertial Measurement Unit	耦合惯性传感器
INS	Inertial Navigation System	惯性导航系统
KDC	Key Distribution Center	密钥分配中心
KGC	Key Generation Center	密钥生成中心
KMC	Key Management Center	密钥管理中心
LSB	Least Significant Bit	最低有效位
MAC	Message Authentication Code	消息认证码
MEMS	Micro-Electro-Mechanical System	微机电系统
MEO	Medium Earth Orbit	中地球轨道
MLE	Maximum Likelihood Estimation	最大似然估计
MOY	Minute of Year	年内分钟计数
MSB	Most Significant Bit	最高有效位
NMA	Navigation Message Authentication	导航电文认证
PA	Protocol Authentication	协议认证
PBC	Pairing-Based Cryptography	基于双线性对运算的函数
PD	Power-Distortion Detector	功率失真检测器
PD-ML	the Power-Distortion Maximum-Likelihood Detector	功率失真最大似然检测器
PN	Pseudo Noise	伪噪声
PRN	Pesudo Random Noise	伪随机噪声
PTD	Power Threshold Detector	功率阈值检测器
PVT	Position Velocity Time	位置速度时间
QZSS	Quasi-Zenith Satellite System	准天顶卫星系统
RAIM	Receiver Autonomous Integrity Monitoring	接收方自主完好性监测
RTCA	Radio Technical Commission for Aeronautics	美国航空无线电委员会
SAS	Signal Authentication Sequence	信号认证序列
SBAS	Satellite-Based Augmentation System	星基增强系统
SCA	Spreading Code Authentication	扩频码认证
SCE	Spreading Code Encryption	扩频码加密
SCERA	Security Code Estimation and Replay Attack	安全码估计重放攻击
SMS	Short Message Service	短信息服务
SNR	Signal-Noise Ratio	信噪比
SOW	Second of Week	周内秒计数

（续表）

缩 略 语	英 文 全 称	含 义
SPCA	Sparse Principal Component Analysis	稀疏主成分分析
SQM	Signal Quality Monitoring	信号质量监测
SQMT	Signal Quality Monitoring Technology	信号质量监测技术
SSI	Spread Spectrum Information	扩频信息
SVM	Support Vector Machine	支持向量机
TDOA	Time Difference of Arrival	到达时间差
TESLA	Timed Efficient Stream Loss-Tolerant Algorithm	时间效应流丢失容错算法
ULS	Uplink Station	上行链路站
URAI	User Range Accuracy Index	用户测距精度指数
WT	Watermark Techniques	水印技术
XOR	Exclusive OR	异或运算